JN238096

知りたい！サイエンス

私たちの心身は
常にどこかが**傷**んでいる。
しかし、ほとんどの場合
知らないうちに治ってしまう。
それこそが**自然治癒**の力。
生物を**健康**に保つ根源
そこには深い秘密があった。

中西貴之 著

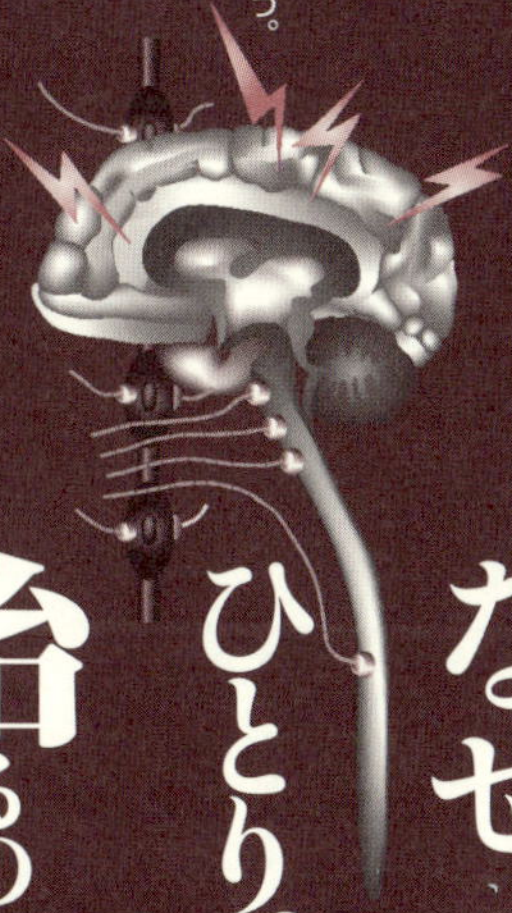

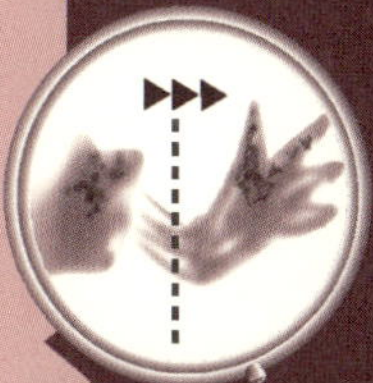

なぜ、体はひとりでに治るのか？

健康を保つ自然治癒の科学

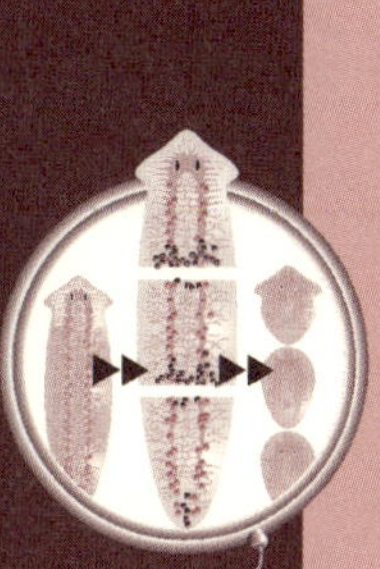

技術評論社

はじめに

最近の気密性の高い住宅ではほとんど見かけることがなくなりましたが、私が幼少時代を過ごした昭和を象徴するような木造住宅では、さまざまな生き物を家のなかで見ることができました。そんな身近な生物の1つに「かべちょろ」がいました。

「かべちょろ」とは下関・北九州地方の方言で、狭義にはヤモリ、広義にはトカゲなどを含むワニのミニチュアのような生物全般のことをいいます。

ネコを見つけると必ず人差し指を鼻先に突き出し、ナメクジを見つけると必ず塩をかけていた幼い頃の私は、「かべちょろ」を見つけると、必ずしっぽの先端をつまんでいたものです。もちろん、「かべちょろ」がしっぽを切り落として、逃げるところが見たかったからです。

当時の私は知らなかったことですが、「かべちょろ」のしっぽは、このような緊急事態に遭遇したとき、本体から切り離して逃げられるように、あらかじめ都合よく作られているのです。ですので、やがてしっぽが生えてきて元どおりに修復されます。

このようなしっぽの再生は一種の自然治癒です。そのほかの自然治癒力の高い生き物といえば、サンショウウオがいます。私自身はちょん切ったことはありませんが、サンショウウオは足を切断されても、また生えてきます。

こうした生き物たちの身体再生能力は、私たち人間から見ると驚くべきことです。

しかし、これほど強い再生能力ではないにしても、人間にも自然治癒力は備わっています。ナイフで誤って傷つけた指先の傷はやがてふさがりますし、少々の病気ならば薬を飲むなどの治療を施さなくても、自然に治ってしまうことも少なくありません。また、骨折の治療は自然治癒力に期待して、骨を正常な位置に戻して固定したあとは、自然に骨がつながるのを待つのが基本です。

自然治癒力は、古くはアンモナイトや恐竜の時代にさかのぼってみても、すでにその力が備わっていたことが、化石に残された跡から読み取ることができます。

このように、あらゆる生き物には、理想的なあるべき自分自身の体の状態というものがあり、何らかの理由でその状態から逸脱した場合、元の状態に復帰しようと、体のなかのさまざまな機能がいっせいに活動します。

本書ではそれらの活動について、特に「再生」と「防御」に焦点を合わせ、生き物が進化の過程で獲得した自然治癒という巧みな生命現象を紹介しています。そのメカニズムや、生き物によって異なる再生の限界、なぜイモリは切断された足を再生できて人間はできないのかなど、世界の科学者が、今まさに取り組んでいる生命科学領域の最大の謎にアプローチしながら、生命の不思議を、私といっしょに学びましょう。

中西　貴之

第4章 次々に発見される自然治癒と生体防御のシステム 163

第1章

体に備わる修復機能と防御機能

1-1 自然治癒力って何だ？

自然治癒の3つの力

私たちの体には、医療に頼らなくともあらゆる病気に打ち勝って健康に生きようとする能力が自然に備わっています。体を守っているのは3つの優れた自然治癒の力、すなわち「防御力」「免疫（めんえき）力」「再生力」です。

有害物質や病原菌が体内に侵入しないように、物理的・生物的バリアで外界と体内を明確に区分する防御力。それらが防御を乗り越えて体内に侵入してきたならば、ただちに撃退し、相手の特徴や攻撃パターンを記憶して第二波の襲来に備える免疫力。そして、それらに万が一、負けて体が傷ついても、速やかに元に戻す再生力。これらの3つの機構が互いに協調しながら働くことによって生命は守られています。

あるべき姿を維持しようとする仕組み

くわしくは後述しますが、生物には一般にこれらの機能を組み合わせて使うことにより、体の状態を健全な一定状態に保とうとする働き、別の言葉ではホメオスタシス（恒常性）を維持しようとする働きがあります。つまり、病気にかかった状態とは、ホメオスタシスが乱れている状態といい換えることができます。生物は生命を維持するために乱れたホメオスタシスを正常に戻すべく、さまざまな緻密な機能を練り上げ、進化を続けてきました。逆にいえば生命の歴史のなかで、次々に移り変わる地球環境に負けないくらい強力なホメオスタシス維持能力を身につけたものだけが生き残ることができ、現在に至っているのです。生物たちはそれを実現するために、種によってさまざまな戦略を生み出してきました。

したがって、それらの能力にはある種だけに見られるものが多くあります。また、生物によって自然治癒力の優劣もほぼ決まっていて、体をずたずたに切断されても再生できる生物もいれば、ちょっと血が噴き出しただけで死に直面する生物もいます。

生物がそれぞれのあるべき姿を維持しようとする生まれながらの仕組み。それこそが自然治癒力であるといえます。

1-2 生まれながらに持っている病に打ち勝つ力

人間の自然治癒力を両生類や昆虫などのそれと比べると、たいていはがっかりします。足を切断されても、何事もなかったかのように新たな足を生えさせるイモリ（図1-1）を見ると、「人間にもこんな能力があれば、自動車事故で肉体機能を失って苦労する人もいないだろうに」と思いますし、大脳を失っても普通に泳いで普通にエサを食べ、いつのまにか大脳が再生されているグッピーのような生物を見ると、「あなたのその大脳は、何のためにあるのですか?」と思ってしまいます。

人間の手や足は、なぜもう一度生えてこないのか?

このように自然治癒力のなかでも、特に再生力について見た場合、ほかの生物が持っている再生能力でも、人間は持っていないものがあることは珍しくありません。人間は体の機能を高度に複雑化し、高い知能と汎用性の高い運動能力を獲得する方向に進化した結果、その目的にかなうように全身の機能が最適化されました。その結果、万が一に備える自然治癒力の確保は計画的に行われましたが、臓器の発生を最初からやり直して、すっかり元の状態に戻すシンプルさは失われました。

　たとえば大脳の場合、人間は神経細胞が非常に高い密度で詰まっていたり、脳の容積が相対的に大きいために、頭骨のなかの空きスペースがあまりありません。そのため何か不都合が起きたとき、作業を行うスペースが足りず、修正も容易ではありません。一方、グッピーの場合は、細胞の密度が低く、頭骨の容積に対して脳が小さいため、神経細胞を新たに作り出したり、ネットワークを構成したりする空間が残されています。

　そもそもグッピーの大脳は、生命維持における必然性の視点からは、あってもなくてもよいようなものです。失われれば

図1-1
イモリの手が生える様子
イモリの手足が切断されると切断部分に再生芽という構造が現れます。再生芽を作ることができるかどうかが人間との大きな違いです。くわしくは第6章で紹介します。

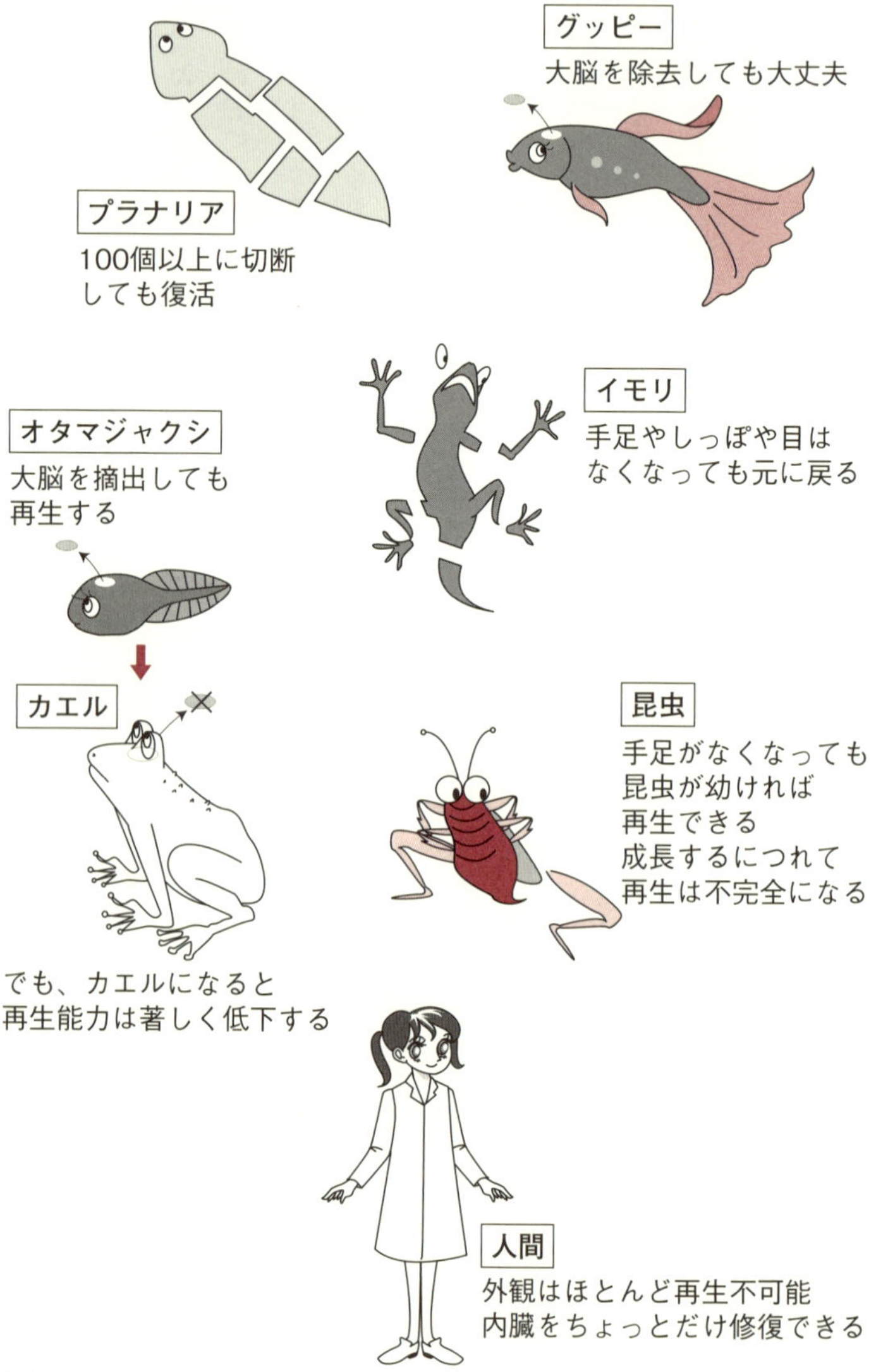

図1-2
動物によって異なる自然治癒の限界
種ごとの再生が可能な限界の目安です。

チャッチャッと再生して「ハイ！　おしまい」で何の問題もありません。しかし、人間の大脳が失われたとき、グッピーのように細胞構造だけ再生して「ハイ、元どおり」といえるでしょうか？　人間はあまりに高度に進化し、高いパーソナリティを持っているがゆえに、肉体のみを単純に再生することそのものに、あまり意味がないことになってしまっているのです。

しかし、それを嘆いて両生類をうらやましく思う人は少ないと思います。脳や手足を再生できないのは残念ですが、そのかわり人間は、非常に高度な脳機能や四肢の機能を獲得して、ここまで進化してきたのです（図1-2）。

人間の得意分野は免疫

人間は、再生能力はいまいちですが、防御・免疫機能が活躍できる病気に関しては、ほかの動物に劣らない自然治癒力を獲得しています。

人間が防御しなければならない対象の代表といえば病原体です。病原体には細菌性のものとウイルス性のものの2種類があります。

細菌は、生命維持に必要なもの一式が細胞膜に包まれた1個の細胞で、細胞核やミトコンドリアなどの細胞内小器官が備わって増殖もしています。一方、ウイルスは遺

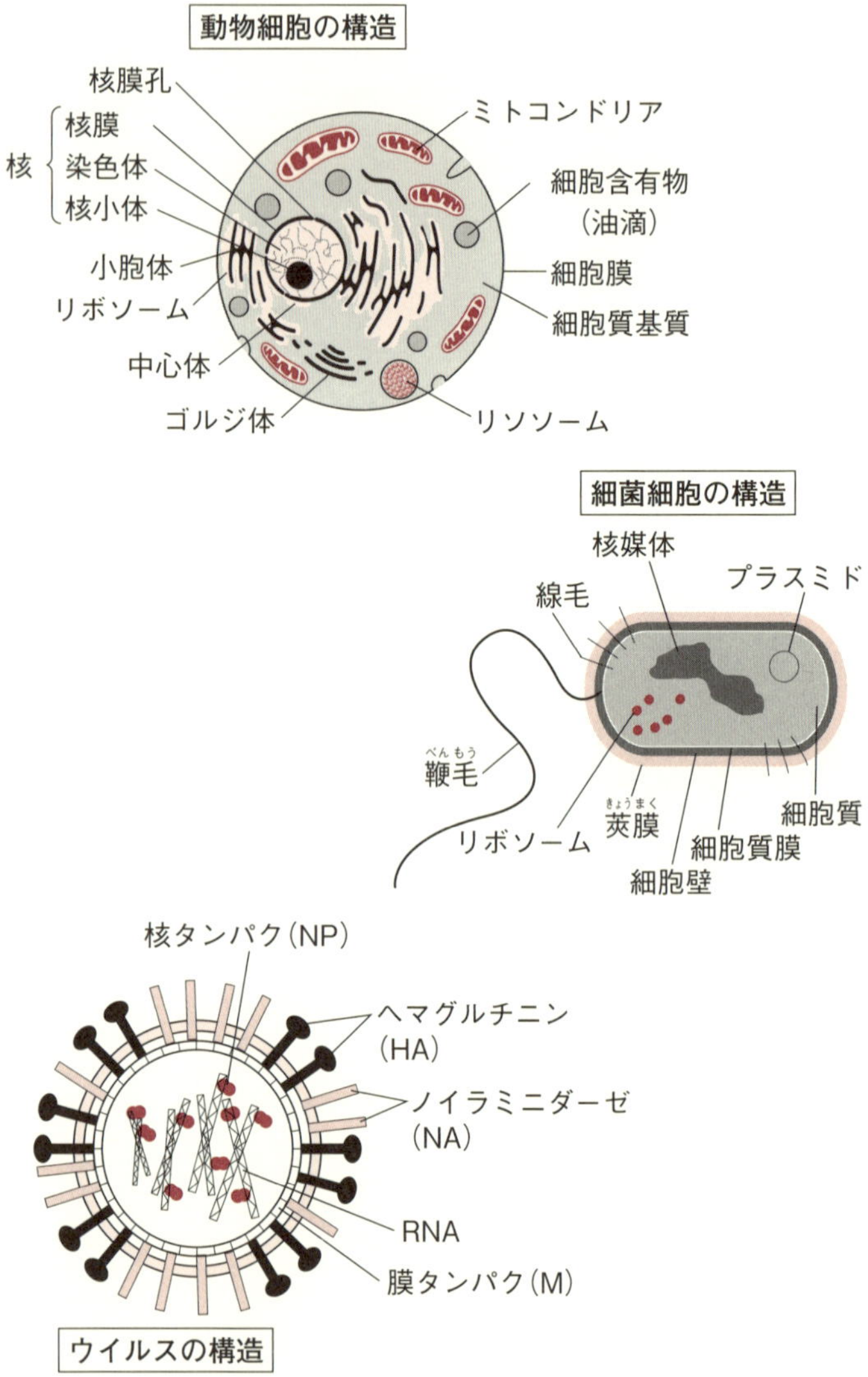

図1-3
動物細胞、細菌細胞、ウイルスの構造の違い
動物や細菌の細胞は代謝を行うことで自力増殖ができますが、ウイルスには代謝を行う機能がないため、自力では増殖できません。

伝子が殻に包まれただけのような構造をしていて、多くの生物とは明らかに異なり、自力では増殖もできず、生物的営みを何もしないため、生物ではないと考えるのが適当です（図1－3）。

こんな具合に細菌とウイルスには大きな違いがありますが、どちらも人間の健康に影響を与え得る能力を持っています。実際、ウイルスにしても病原菌にしても、病原体となるものは身近に数多く存在しています。特に病院では多くの保菌者が1つの施設に集中するため、さまざまな病原体が空気中を浮遊したり什器などに付着したりしているのではな

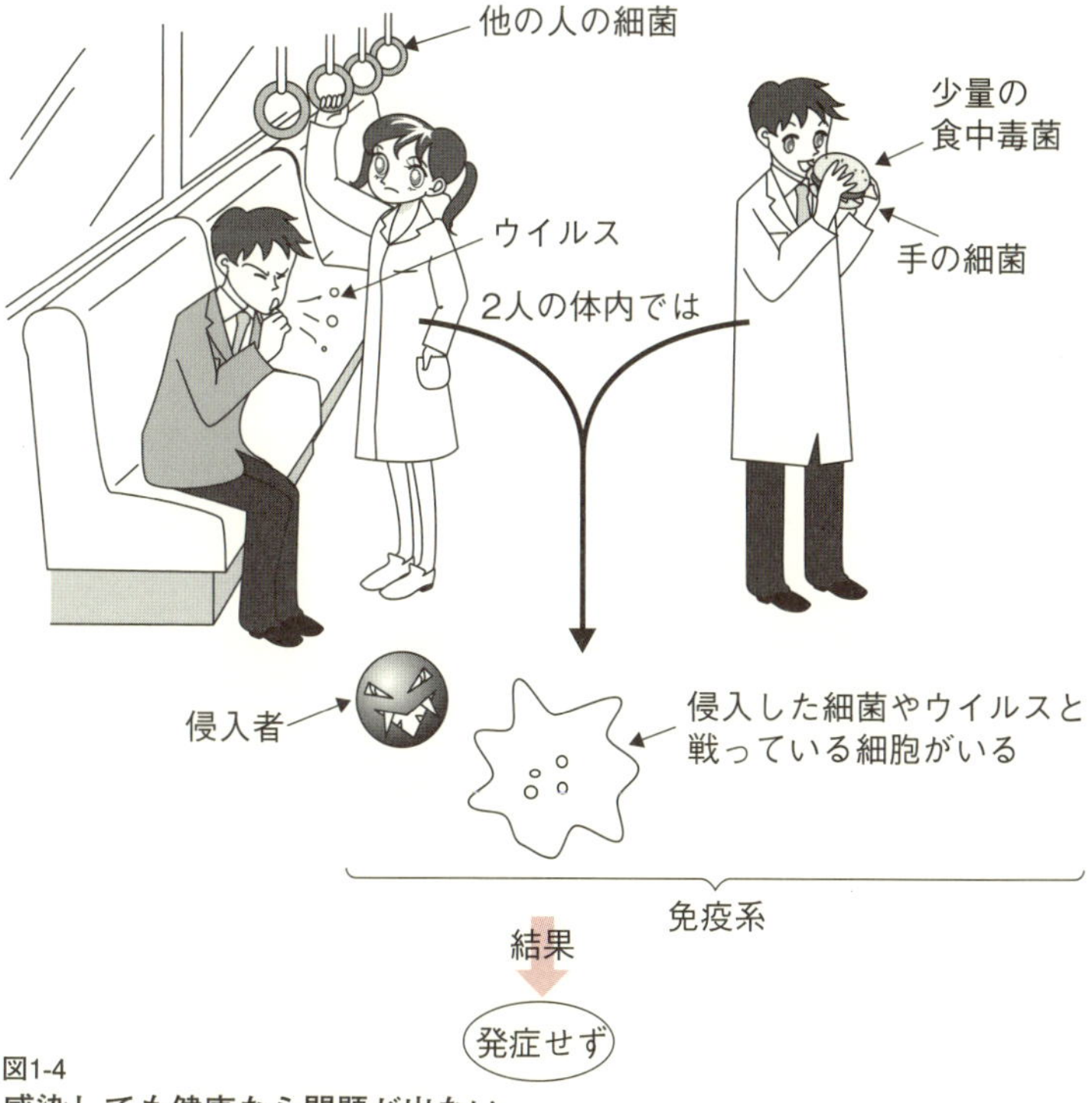

図1-4
感染しても健康なら問題が出ない

いかと推測されます。院内感染はこれらの病原菌が牙をむいた結果です。

しかし、病院に行った人は全員が病気になるかといえば、そんなことはありません。私たちの体はこれらの病原体を体内に取り込んでしまっても容易には発症しないようにできているからです。仮に発症したとしても、症状の程度は人によって異なり、同じ場所で同じ種類の病原菌に感染しても、抵抗力の弱いお年寄りや乳幼児は重篤になることがあっても、若い健康な人はそれほどでもないということもあります。

このように、病原菌やウイルスに感染しても発症する・しないの違いがあったり、人によって症状に程度の違いがあったりするのは、自然治癒の3つの力が一人一人で異なるためです（図1-4）。

風邪を治すのは薬ではない!?

薬を作る研究者の間で、「風邪の根本治療薬が開発できれば、すごいことになる」と語られることがあります。

風邪で病院に行くと、咳止め、解熱剤、鼻水止めなどの薬を処方されます。いずれも風邪のいろいろな症状を抑えるための薬で、このような症状に応じた対処方法を対症療法といい、決して風邪という疾患を根本から絶つものではありません。「これが風邪薬です」といわれて〝風邪薬〟を処方されたり、薬局で〝風邪薬〟を購入することはよくあると思いますが、普通にいう風邪薬は「総合感冒薬」といって、さまざまな症状に対応する薬をいろいろ混ぜてあるだけのことです。

病原菌を研究するために、研究者はそれらを育てて増やすことがあります。細菌の好きそうな栄養源を豊富に含んだ液体や寒天を用意し、そこに細菌を入れてやるのです。そして温度や湿度などを適切に保つと、細菌は自然界では決して得られないような豊富な栄養に大感激して、ものすごい勢いで増殖します。そのため、最初は試験管で育てていた菌を、1日かそこらで牛乳びんほどの容器に移し、さらに増え続けたものをバケツほどの大きさの容器に移します。研究のために菌の量がもっと必要なら、何十ℓもの培養装置に移し替えて育てていきます。

人間の体のなかも、考え方によっては栄養分がたっぷり入った培養装置のようなものですので、風邪をひいて細菌が感染すれば瞬く間に増え、人間の栄養分を全て使い尽くすまで増殖を続けてしまってもいいはずです。加えて、鼻水止めや咳止めに風邪のウイルスを殺す能力はありません。仮に、風邪で抗生物質を処方されたとしても、風邪の原因のほとんどを占めるウイルスは、そもそも生物でさえないので効果はありません。こう見ると、風邪などひこうものなら一巻の終わりなような感じがしますが、なぜか風邪はほとんどのケースで治ります。このことからも、人間の体にはウイルスや病原菌を抑え込む力が備わっていることがわかります。これが、病気に対する自然治癒力であり、人間が生まれながらに持っている病に打ち勝つ力です。

自然治癒力が効果を発揮する病気は風邪だけではなく、ほとんどの疾患は自然治癒力によって治るんだ、という学者もいます。ガンなど、病巣（びょうそう）を摘出してしまうことによって治癒する疾患もありますが、ガン細胞も自然治癒力の攻撃を受けて死滅することが知られています。この現象については、第3章でくわしく解説します。

1-3 自然治癒と幹（かん）細胞

生物の体は細胞の集合体です。なので、自然治癒が体の傷んだ箇所を、本来あるべき姿に戻す行為だという考え方に基づけば、細胞に着目して自然治癒の過程で何が起きているのかを考えることが重要です。細胞で起きていることは2つ。1つは低下した細胞機能の回復、もう1つは細胞を新たに作り直す、すなわち組織の再生です。

まだまだ難しい幹細胞による再生医療

最近、再生医療の旗手、日本発の最先端技術として、iPS※細胞（人工多能性幹細胞）の登場が華々しく紹介されました。iPS細胞および、それと同様の性質を持ち、研究が先行しているES※※細胞（胚性幹細胞）を使って、実用化が研究されている再生医療では、失われた臓器や正常に機能していない臓器を、外部から導入した細胞によって治療しようと考えられています（図1-5）。

たとえばパーキンソン病は、ドーパミンと呼ばれる脳内物質を分泌する能力が失われて発症します。従来は薬物療法で対応していましたが、iPS細胞からドーパミン

※iPS：induced Pluripotent Stem cells の頭文字です。

※※ES：Embryonic Stem cells の頭文字です。

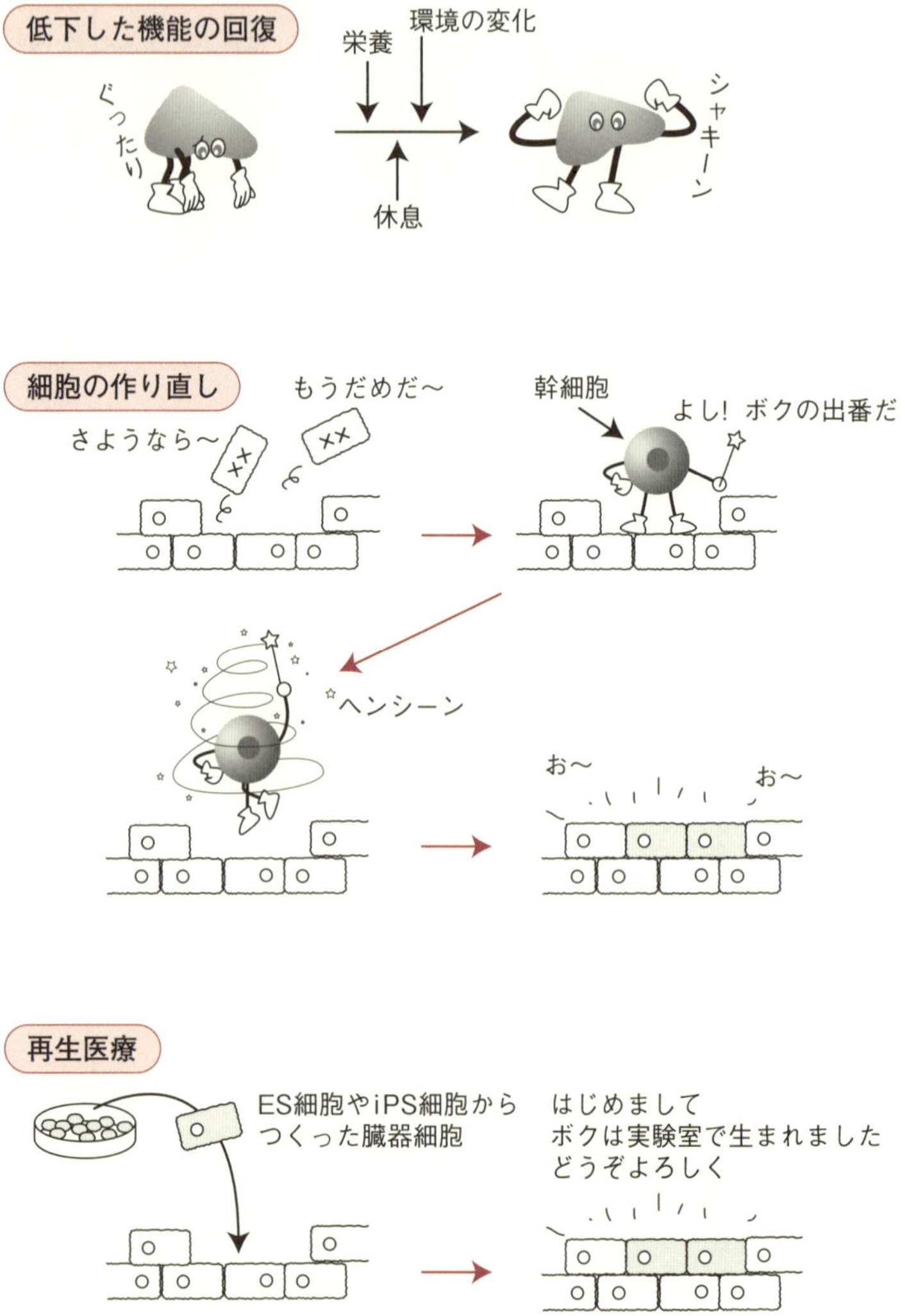

図1-5

機能の回復と細胞の作り直し

自然治癒にあたって、臓器では低下した機能の回復（上図）と、傷んだ細胞の交換（中図）が行われています。自然治癒における細胞の交換は、体内の幹細胞が変身することによって行われます。幹細胞から作った細胞を外部から与えてやるのが再生医療です（下図）。

生産能力を持つ細胞を作成し、それを脳内に注入することによってパーキンソン病の治療をすることに、ラットを使った実験で成功した例があります。[①] これは、失われた細胞機能を外部で新たに作り直し、脳のなかに戻すことによって回復した例です。

しかし、このような細胞を薬のように使用する治療方法の開発は、簡単ではありません。なぜなら、臓器から細胞を取り出し、試験管のなかで治療に使える細胞を作ろうとしても、ほとんどの場合うまくいかないからです。パーキンソン病においても、パーキンソン病のラットの脳を一部採取し、試験管のなかであれこれ科学的なことを行っても、移植したときに治療効果のあるような細胞を作り出すことはできません。

私たち人間の体は60兆個の細胞で構成されているといわれていますが、それらの細胞は細胞の種類ごとに役割が分担されていて、代用はあまり効きません。

このような役割分担は、1個の受精卵から始まった生物の体の構築の過程で、次々に細胞分裂するときに、前の世代の細胞で持っていた機能のなかから不要なものを封印することによって行われます。多くの細胞は「あなたはこの臓器を構成する1個の細胞になって職務をまっとうしてください」といわれると、それ以外のことは忘れてしまうことがほとんどです。細胞を使って病気を治療しようと考え、臓器細胞を取ってきても、そこから治療に使える細胞を作り出すことはできないのです。

幹細胞は、どんな職業にでも就職可能

しかし、もともと持っていたさまざまな能力を、細胞分裂ごとに少しずつ封印して私たちの体が作られるということは、逆にいえば、少し前の段階の細胞は、そこから後の細胞の能力を、全て持っていることになります。このような、別の細胞に変化することのできる、将来有望な細胞のことを「幹細胞」といいます。

人間でいえば、あらゆる職業に就くことのできる可能性のある小学生の子どもたちは、幹細胞にたとえることができます。大学を卒業間近の学生も、選択肢は少なくなったものの、まだまだ将来の可能性が開けている幹細胞です。こうして歳をとるごとにドアが閉まっていきますが、ドアが1つでも開いていれば幹細胞であ

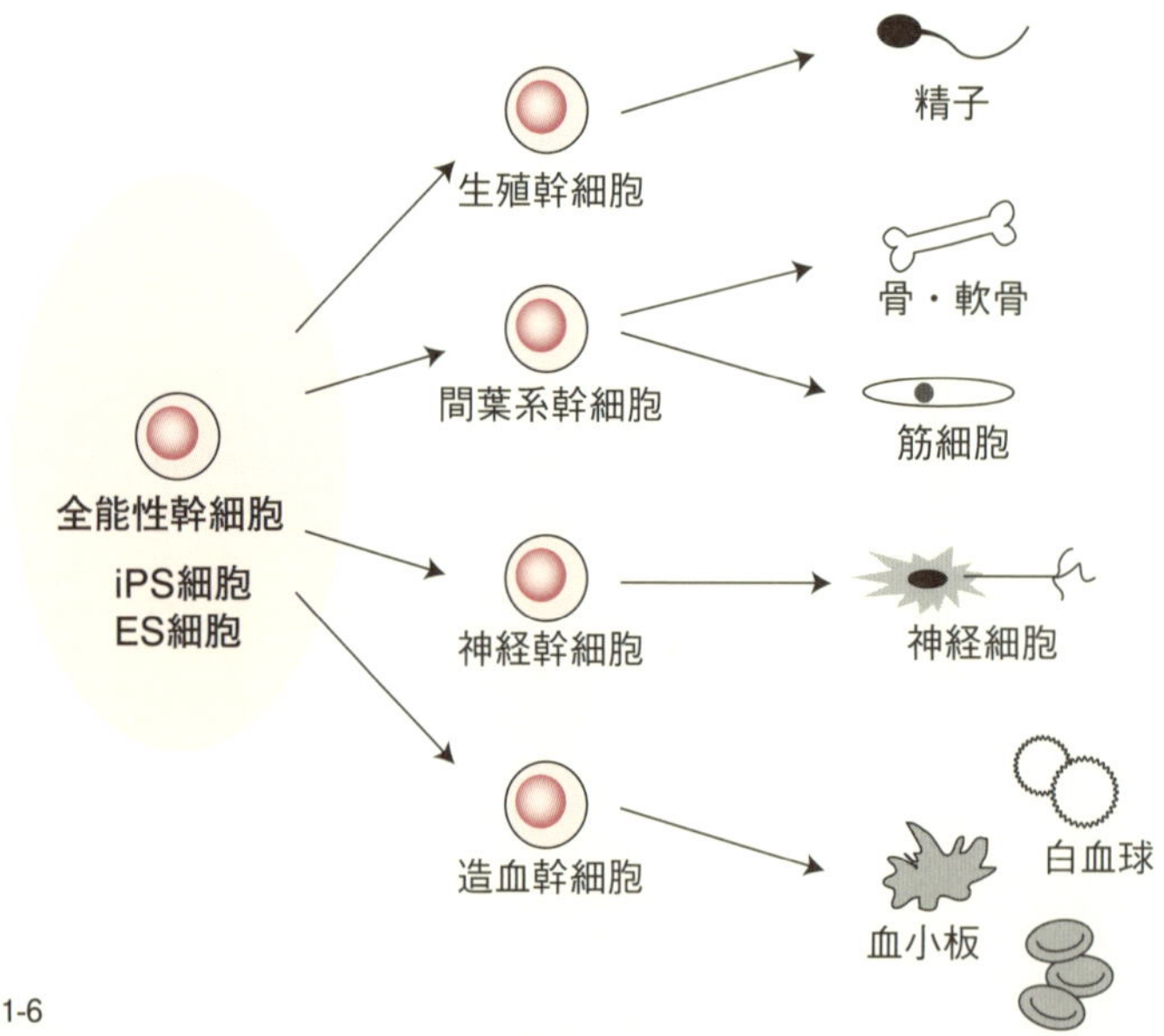

図1-6
幹細胞から作られるさまざまな臓器の細胞

るといえます。やがて、全てのドアが閉じられたとき、人は非幹細胞として与えられた職務のまっとうに専念することになります。このような状態の細胞を「体細胞」といいます。

・iPS細胞は、あらゆる臓器細胞に作り替えることができるので幹細胞です。幹細胞を使えば脳の例で示したように、既存の細胞の加工では治療できない病気であっても、細胞をリセットして新しく作り直す手法が使えるので治療が可能になります（図1-6）。

幹細胞を人間にたとえたとき、そこには小学生も大学生もいたように、体内の幹細胞にも、その将来がどのようであるかによって、さまざまな種類の幹細胞に分かれます。たとえば、大量生産、大量消費が行われる血液は、造血幹細胞から作り出されます。小腸は、体内で最も新陳代謝の活発な臓器の1つです。小腸も、膨大な量の細胞を一生供給し続けなければならないため、幹細胞を持っています。

ただし、これらの臓器の幹細胞は、iPS細胞のようなあらゆる臓器細胞に変化する〝万能性〟は失っていて、大きな夢や希望は持たず、粛々と自分自身の複製と血液細胞や小腸上皮細胞などへの変化と成長だけを行っています。

若返りの特効薬にはならない

私たちの体は、脳のように再生が思うようにならない臓器ばかりではありません。切り傷が簡単にふさがり、頭にケガをしても頭髪が再び生えてくるように、幹細胞によって、日常的に古い細胞が置き換えられることにより、病気やケガが治癒している臓器や組織もあります。このような臓器や組織では幹細胞の能力が低下すると、それは自然治癒力の低下、あるいは毛髪量の低下につながります。若い頃は、自分の体内や頭皮の幹細胞が減っていくことなど、気にする必要もないことでしたが、年をとるにつれて幹細胞の能力が低下したり数が減ったりしていることが科学的研究からわかってきましたし、一部の機能は見た目にも能力低下が明らかな場合もあります。

頭髪の減少は病気ではないので、ここでは触れないことにして、年配の人に特徴的な多くの病気は、幹細胞の能力低下とそれを原因とする自然治癒力の低下によるものだといわれることもあります。一例として、骨髄中に存在し、骨、心臓の筋肉、軟骨、腱、脂肪細胞などの元となる間葉系幹細胞は、幼児に比べ、65歳以上のお年寄りでは、細胞数が数百分の1に減っているという報告もあります。そうすると、この細胞から作り出される臓器細胞が不足したり、機能が低下したりするようになり、損傷に対して修復速度が追いつかず、骨がもろくなったり、心臓が弱ったりします。

老化や病気と、幹細胞の数が低下することの間にもし相関関係があるのなら、幹細胞を外部から体内に取り入れることによって若返りや病気の治療は可能になるのでしょうか？

残念なことに、幹細胞そのものを私たちの体内に入れても、私たちは若返りもせず、健康にもなりません。それどころか、逆に、幹細胞は体内で暴走を開始し、腫瘍組織、つまりガンの病巣を作ってしまいます（図1-7）。

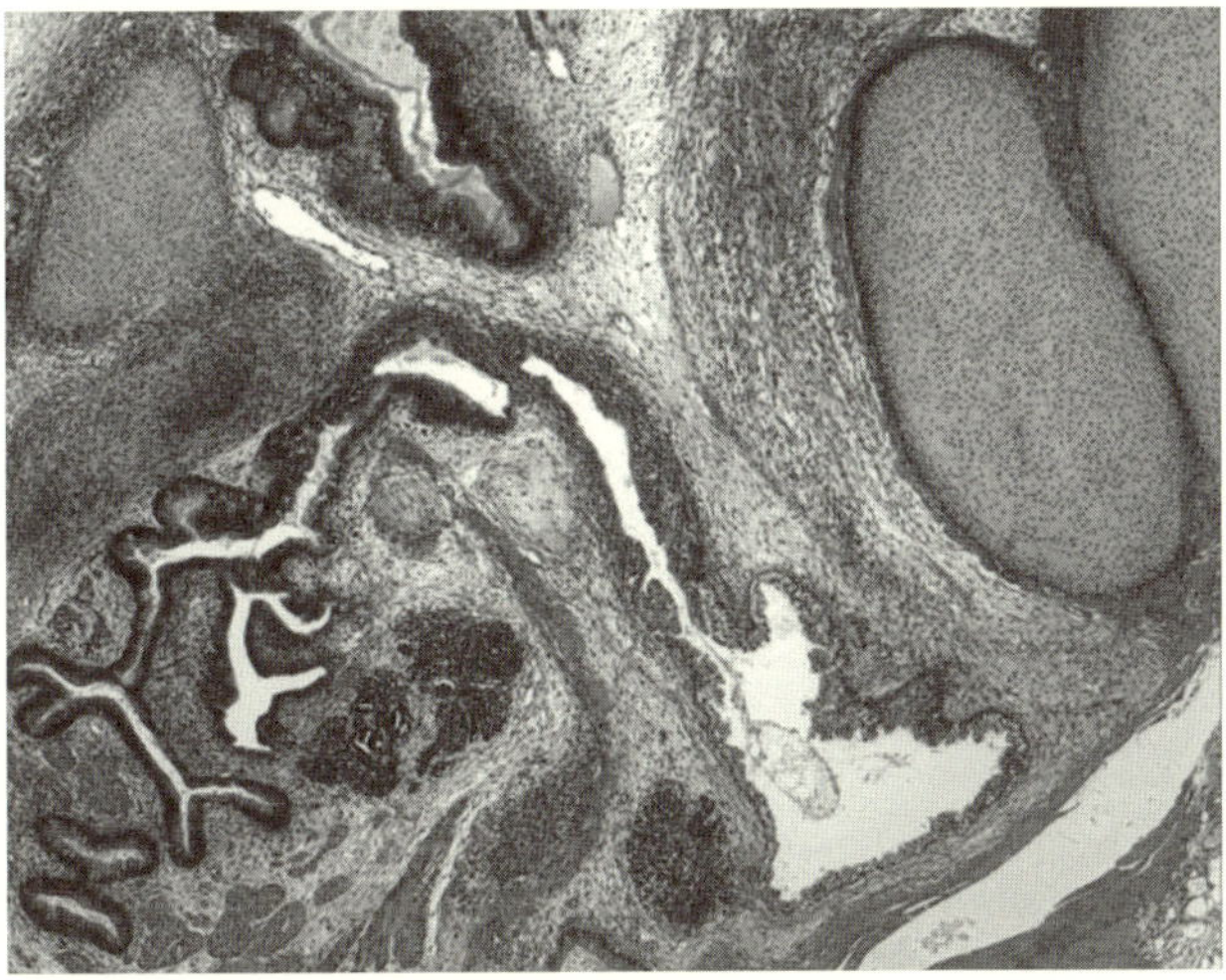

図1-7
幹細胞が暴走してできた腫瘍組織
人間のES細胞をマウスに移植したことによって形成された、テラトーマと呼ばれる腫瘍組織。テラトーマはさまざまな種類の臓器細胞が混じり合っている奇形腫で、この写真のテラトーマには腎臓、筋肉、小腸、肝臓、脂肪細胞などがごちゃまぜになって含まれている。
［写真提供／Hentze H., *et al.*, (2009)　Copyright © 2009, Elsevier］

1-4 微生物をすまわせて病気や環境に抵抗する力を借りる

体内に微生物をすまわせるというと、「それって感染症という意味では？」と思うかもしれませんが、私たちの体は、すでにさまざまな微生物に感染され、彼らのすみかとなっています。皮膚には皮膚常在菌（じょうざいきん）が、小腸には腸内細菌が、そのほか全身のあらゆる場所に、微生物が生息しています。

私たちが自分自身の自然治癒力だと思っている現象のなかには、私たちにすみ着いている微生物の作用であるものも少なくありません。胃潰瘍の原因菌として忌み嫌われているヘリコバクター・ピロリでさえ、最近の研究では食道が塩酸にさらされて損傷することから守っていることがわかっています。

ヘリコバクター・ピロリは、強烈な塩酸である胃酸のなかで生きていくために、胃酸を中和する能力を持っています。最近の統計で、胃潰瘍の予防や治療のためにヘリコバクター・ピロリを除菌すると、食道腺ガンが増加する傾向があることがわかってきました。食道腺ガンは、食道の下部が胃液の逆流によって胃酸にさらされ、損傷することをきっかけとして発症するガンで、致死率が高いのが特徴です。どうやら、ヘリコバクター・ピロリが胃のなかにいると、食道下部の胃酸が中和されるらしいのです。ヘリコバクター・ピロリにその気があるのかどうかは定かではありませんが、〝有害菌〟といわれながら、結果として食道細胞を胃酸から防御する役目を担わされているようです（図1–8）。

腸内細菌には、ウェルシュ菌の増殖を防ぐ作用があることも話題になっています。ウェルシュ菌は悪玉腸内細菌で、肉が好きな人はお腹にたくさん飼っている可能性があります。この菌の勢力が増すと下痢をしたり、免疫力が低下したりするとされていますが、通常は善玉腸内細菌が糖を分解して酸を作ることにより、腸内をウェルシュ菌の生育しにくい環境に保ち、病気が発症するのを抑えています。

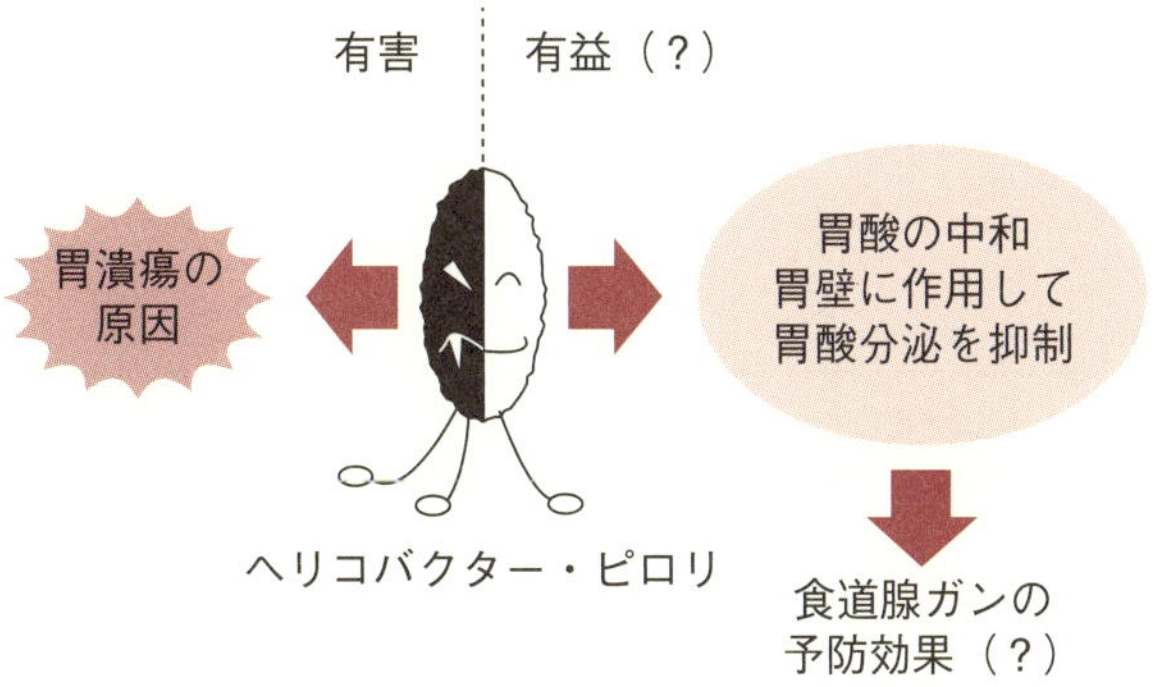

図1-8
ヘリコバクター・ピロリの二面性
胃潰瘍の原因菌として知られているヘリコバクター・ピロリは、食道腺ガンの予防をしている可能性があります。

1-5 ホメオスタシスって何だ？

一定の状態を保とうとする体の力

今度は血液のことを考えてみましょう。

たとえば血液に溶けている元素やイオンは、塩素が41％、ナトリウムが38％、炭酸水素イオンが18％と決まっていて、大きく変化することはありません。ちなみにこの組成は、海水の組成とよく似ています。

朝起きて、朝食に牛乳を飲んだら血液がミルクになって、昼食に立ち食いそばを食べたら血液が昆布だしになって、晩酌をしたら血液がビールになった、そんな経験をした人はいないと思います。

また、細胞のなかの水は、カリウムが48％、リン酸水素イオンが42％です。会社から帰って、頭の上にタオルをのせ、「あ〜、極楽極楽」と、湯船につかっていたら水がしみこんできて、体の形がグジュグジュに崩れてしまった、そんな経験をした人もいないと思います。

どのような栄養分が体内に吸収されても、血液の組成は変わりません。乾燥した外気にさらされたり、水のなかにいたりして、体を取り巻く環境がどのように変化しても、細胞のなかの状態は、ほとんどいつも一定です。

このように私たちの体の中身は、ある範囲を超えては変化しないようにできています。これがホメオスタシス（恒常性）と呼ばれるもので、ホメオスタシスは、生命が生き続けることを可能にする非常に緻密なシステムです。

酵素反応をコントロールするのもホメオスタシス

私たちの体を構成する細胞のなかでは、さまざまな酵素反応が起きています。酵素反応によって、さまざまな物質が酸化されたり、還元されたり、分解されたり、合成されたり、エネルギーが取り出されたり、吸収されたり、排泄されたり、いろいろなことが起きます。歩く、寝る、考える……、そのようなあらゆる行動は、酵素反応が連鎖的に起きた結果でしかないといっても過言ではないほどです。

酵素反応は、ある物質に特殊なタンパク質が結合し、タンパク質がその物質に対してグニュグニュと加工を施して、ペッと放り出す反応です。この反応がどの程度進むかは、温度や塩分濃度の影響を大きく受けます。

極寒の地でじっとしていると次第に眠くなるのは、温度が下がることによって酵素反応の効率が低下し、活発に行動するために必要な物質やエネルギーが供給されなくなるからです。それはまるで、ノートパソコンが電池容量不足でスリープモードに入るように、人間もスリープモードになってしまうような感じです。

これは極端な例ですが、日常生活のなかで、このような困った事態に容易にはならないように、いつも酵素反応が最適な条件で進められ、生命が維持されているのも、またホメオスタシスの働きです。

ホメオスタシスを保つものは?

ホメオスタシスは神経系と内分泌系の作用によって保たれています。それらの下部組織のような役目として、腎臓による浸透圧調節や肝臓による代謝などの臓器の機能が働いています。

ホメオスタシスは体液の成分だけでなく、体温、血圧など、生命維持に必要なさまざまな因子がそれぞれ最適化された結果として成り立っています。逆にいえば、病気にかかった状態は、膨大なホメオスタシスのパラメータの何かが崩れた状態です。自然治癒とは、そのパラメータを元に戻す働きのことである、ということができるでしょう。

第2章

失っても元に戻る再生の力

2-1 幹細胞からの分化と臓器細胞からの脱分化

組織や臓器に自然治癒が起きるとき、重要な役目を担う幹細胞についてもう少し掘り下げてみましょう。第1章でも説明したように、幹細胞は自分自身を複製することができ、臓器細胞に変化する能力を持っている細胞の総称です。

ある臓器が損傷して、新たな細胞を用意して修復しなければならなくなった場合、損傷部位の近くにスタンバイしていた幹細胞が、自分を複製して幹細胞の枯渇を防ぎつつ、どの部分のどのような細胞が、どの程度損傷したのかを認識して、新たに必要な細胞に変身します（図2-1）。

幹細胞の種類

人為的に作成可能な幹細胞としては、ほんのわずか削り取った患者の細胞から作り出すことができ、さまざまな臓器細胞を試験管のなかで成長させることを可能にするiPS細胞（人工多能性幹細胞）が、幹細胞の代表としてよく知られています。

また、ES細胞（胚性幹細胞）も幹細胞の一種です。倫理上・政治上の理由で米国では政府資金の投入が禁止されていたところを、オバマ大統領が解禁したことで話題になったES細胞は、iPS細胞よりも長い研究の歴史を持ち、病気の治療への応用研究も、実際に人間に適用する直前の段階まで進んでいます（図2-2）。

幹細胞は、それ自身がどのような臓器細胞に変化できるか、その能力の多様性に基づいて次のように分類されることがあります。

・全能性幹細胞
受精卵のように完全な人間を作り出すことができる細胞。

・多能性幹細胞
受精卵が持っている能力の一部を

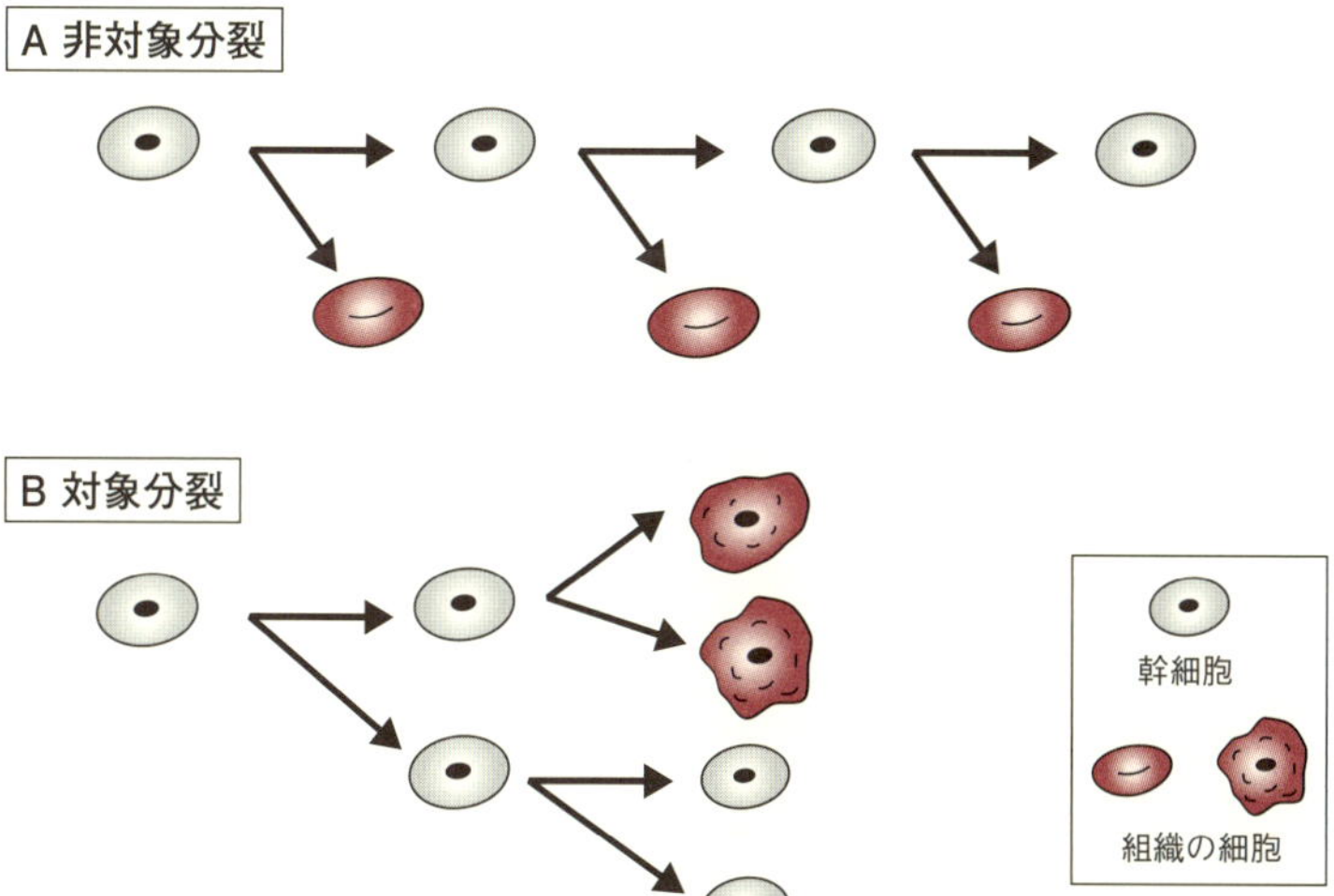

図2-1
幹細胞の維持と分化
幹細胞の細胞分裂方法は、大きく2種類に分けられます。Aの「非対称分裂」では、細胞分裂の際に必ず1個は自分自身と同じ幹細胞になって幹細胞がなくならないように維持しつつ、残りの1個が目的の組織細胞になります。Bは「対称分裂」では、ふだんは幹細胞自身に分裂して増殖しています。何らかの理由で組織の細胞が必要になったら、あらかじめ十分に増やしておいた幹細胞が2個の組織細胞に分裂し、必要な数の組織細胞を一気に作り出します。

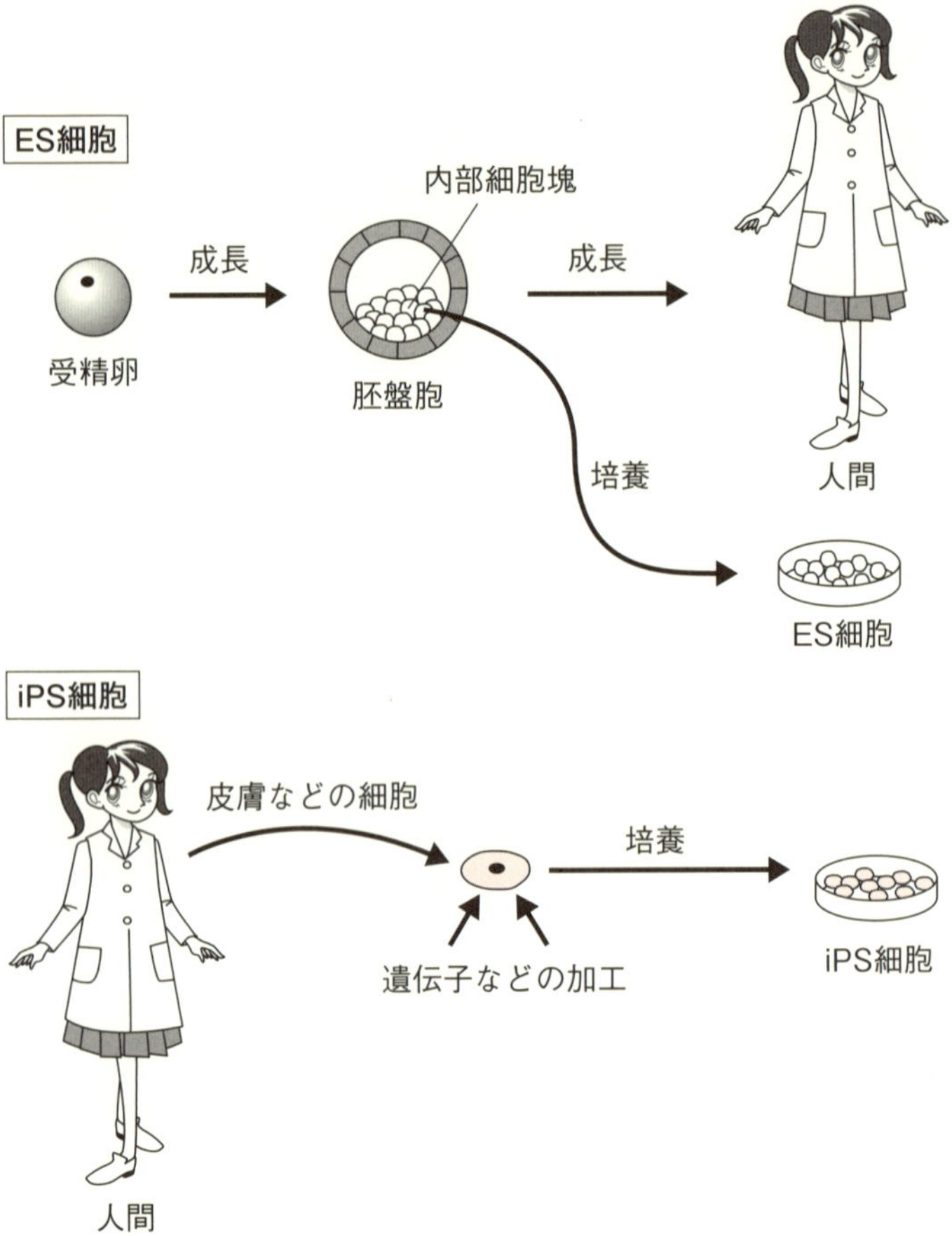

図2-2

ES細胞とiPS細胞の違い

ES細胞もiPS細胞も、どちらもさまざまな臓器の細胞を作り出すことのできる万能細胞ですが、作り方はまったく違います。ES細胞は、ある程度成長した受精卵の胚盤胞から、内部の細胞塊を取り出して培養したものです。iPS細胞は人間の皮膚などの細胞に、遺伝子などの加工を施して遺伝子を初期化し、培養したものです。

失っているため、それだけでは人間を作り出すことはできないが、ほぼ全ての細胞になることができる細胞。

・単能性幹細胞

特定の臓器細胞しか作ることのできない細胞。

しかし、これらの用語は厳密な定義が行われておらず、一般にはＥＳ細胞やｉＰＳ細胞のような、ほとんど全ての臓器細胞に変化できる幹細胞を「万能細胞」と表現してまとめることも多くあります。

分化と脱分化

ｉＰＳ細胞やＥＳ細胞は全能性幹細胞よりもやや能力を制限された別種の幹細胞になることができます。それぞれの性質については、くわしくは後述しますが、たとえば造血幹細胞や神経幹細胞になることができます。そして、それらの幹細胞は、さらに能力の制限された別の幹細胞になることができます。このような、より高次の幹細胞から能力を制限された幹細胞へ、また、幹細胞から臓器細胞へといった、能力を制限する向きへの変化を「分化」といいます。

多くの場合、一方通行であるはずの分化を人為的に逆行させることに成功したのがｉＰＳ細胞です。ｉＰＳ細胞を作るとき、皮膚細胞に遺伝子を人為的に組み込みます。このような操作によって多能性を獲得させるような逆反応は「脱分化」といいます。脱分化は細胞のガン化や傷の治療の場合にも見ることができます（図２−３）。

分化の反応も脱分化の反応も、どちらも自然治癒には重要な性質ですが、イモリなど、手足が切れても再生できるほどの自然治癒力を持つ生物では、体を修復する際に細胞の脱分化が起き、これがイモリと人間を分けるキーポイントになっていることが知られています。

すでに体内にある幹細胞

体内にあらかじめ備わっている幹細胞には、主に次のようなものがあります。

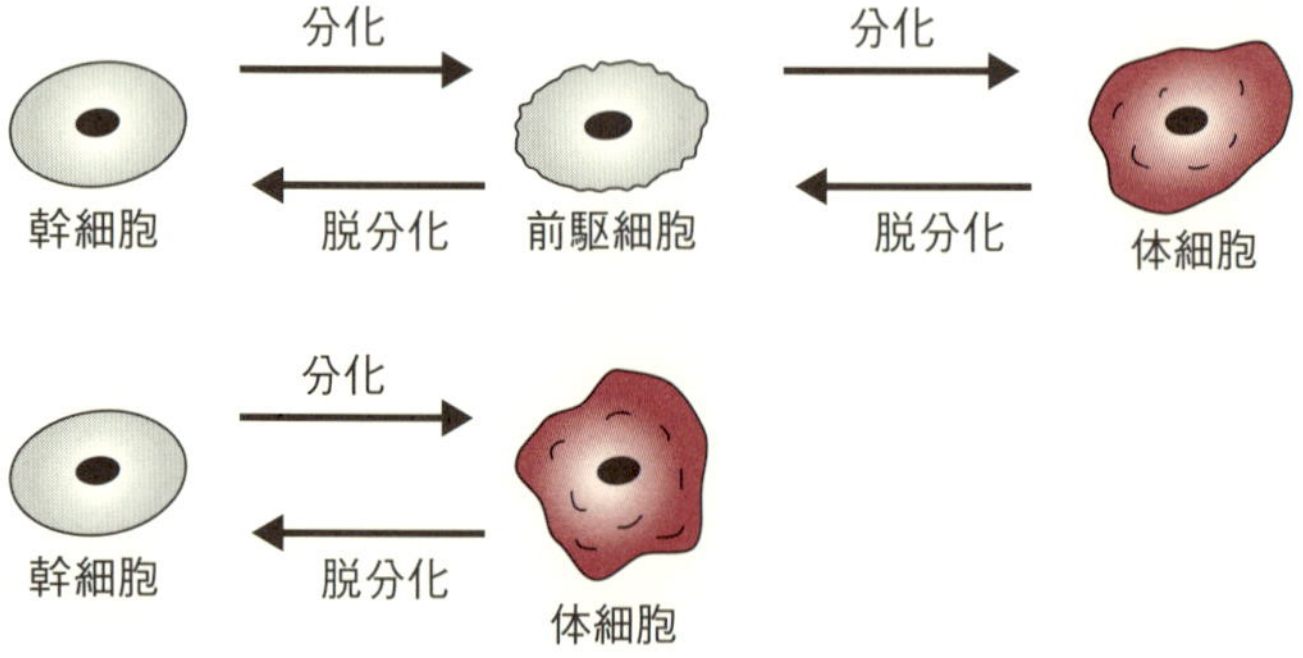

図2-3
分化と脱分化
幹細胞が体細胞に変化することを「分化」といい、その逆を「脱分化」といいます。つまり、幹細胞が前駆細胞を経て体細胞に変わる場合、体細胞方向への変化が「分化」、最も初めの状態である幹細胞方向への変化が「脱分化」です。前駆細胞は幹細胞ではあるけれど、最も初めの幹細胞よりは、制限がかかっている細胞のことです。

・**造血幹細胞**

骨髄に存在し、血液中の全種類の細胞、つまり、赤血球、血小板、白血球になります。白血球にはさらに細かい分類として、好酸球、好中球、好塩基球、リンパ球、単球と単球が変化して生まれるマクロファージなどがありますが、これらの細胞が全て造血幹細胞から作られます。

赤血球は1日に2000億個が作り出されますが、実際に赤血球を生み出しているのは、造血幹細胞から作り出された前駆幹細胞と呼ばれる細胞群です。造血幹細胞はたまに前駆幹細胞を作って、その前駆幹細胞が馬車馬のように働いて血液中の細胞を作り出しています。

・**神経幹細胞**

脳内の海馬と名づけられた記憶の定着に関する部分で発見され、ごく最近の研究では、感情などの高

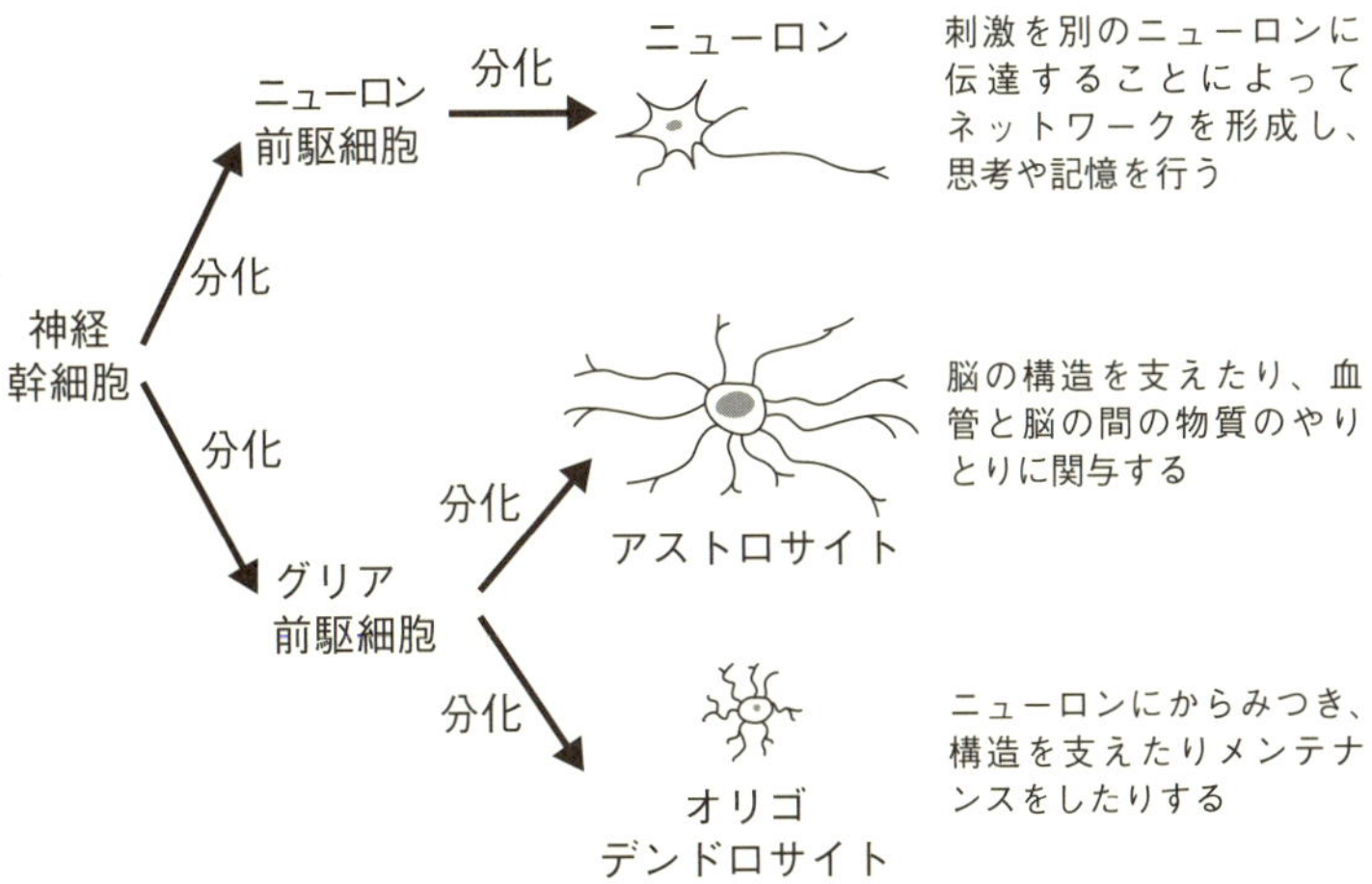

図2-4
神経幹細胞の分化

次の脳機能に関わる大脳皮質にも存在していることが明らかになりました。ニューロン前駆細胞を経由してニューロンに、グリア前駆細胞を経由して、ニューロンをサポートする役目を持つアストロサイトとオリゴデンドロサイトになります（図2－4）。

・肝臓幹細胞

肝臓は一部を切り取ってもすぐに再生される臓器です。肝臓には胆汁という消化液を十二指腸に分泌するため、胆管という管が張り巡らされています。肝臓幹細胞は胆管の元になる胆管上皮細胞と、さまざまな肝臓機能を担う肝臓細胞へと分化します。

しかし、ほとんどの肝臓細胞の修復や補充は幹細胞の分化ではなく、肝臓細胞自らが分裂することによって行われます。

・表皮幹細胞

体の表面（つまり皮膚）は、死んで角化した細胞によって守られていますが、これらの細胞は外部からダメージを受けたり、時間が経ったりすると脱落するため、次々に供給することが必要です。それらの細胞は表皮幹細胞から供給されます。

・**間葉系幹細胞**

何の幹細胞か想像しにくい名称ですが、実態もそのとおりです。主に骨髄中に存在し、それぞれの前駆細胞を経由して神経、血管、平滑筋、骨格筋、心筋、骨、軟骨、脂肪などいろいろな臓器の細胞になります。

・**生殖幹細胞**

精子を生産する精原幹細胞のことです。雌の生殖細胞は、増殖や分化する能力がないため幹細胞には含めません。

2-2 付加再生と形態調節

再生芽による再生――付加再生

両生類のイモリは再生能力が高いことで知られ、よく研究が行われている生物です。イモリの手足を切断すると、その切断面に突起状の特徴的な構造が出現します。それが再生芽です。再生芽はイモリの場合、手足の切断から4~5日をかけて形成されます。円錐形をしているので、再生円錐ともいいます。

突起の表面は皮膚で覆われ、そのなかには、これから手足を構成する骨や筋肉など、さまざまな細胞に変化することのできる準備段階にある未分化細胞がぎっしりと詰まっています。これらの未分化細胞が何に由来して誕生しているかは、まだ確認されていません。切断面周辺の血管のそばに、たまたまいた幹細胞が集まりつつ自分自身を複製するという説もありますし、筋肉や骨が脱分化して幹細胞に戻り、そこから未分化細胞が形成されているという説もあります。

おそらくはその両者が混じり合ったものであろうと思われますが、切断部位や切断の状態によって再生の方法も変わってくるはずですので、未分化細胞の由来もそれにともなって異なる可能性もあります。

また、動物種が変わると、元になる細胞と再生によってできあがる細胞の種類が異なります。たとえば、同じ両生類でもカエルの子どものオタマジャクシでは、脊索は脊索から再生され、筋肉は筋肉から再生されますが、サンショウウオの仲間のアホロートル（メキシコサンショウウオ）では、神経から脊索と筋肉の両方が再生されます。そのほかにもいろいろな現象が観察されているため、同じように手足を切断しても動物の種類によって再生の仕組みが異なることも考えられます。いずれにしても、まず再生芽を形成し、そのなかの未分化細胞が分化することによって手足が再生される方式のことを「付加再生」といいます（図2-5）。

地道な再生——形態調節

付加再生とセットで研究されるもう1つの再生方法が「形態調節」です。形態調節は形態再編、あるいは再編再生ともいわれま

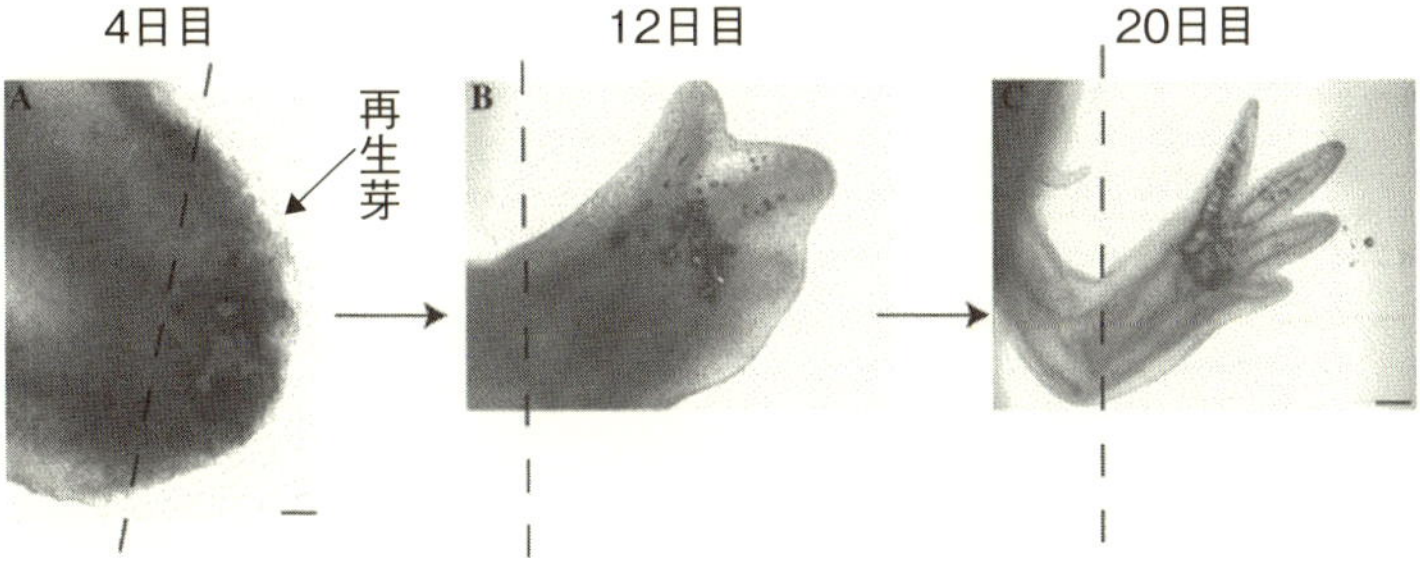

図2-5
再生芽の形成と前足の再生（アホロートル）
［写真提供／Echeverri K., *et al.*, (2005)　Copyright © 2005, Elsevier］

す。形態調節では再生芽のように「さぁ、これから手足を再生するぞ！」と意気揚々の未分化細胞集団は形成されず、切断部分に残された細胞が粛々と組織を再生します。

ここでは損傷部分の組織や細胞が、脱分化していったん未分化細胞に戻った後に、再度分化する再生芽と似たような再生過程が確認され、また、脱分化・再分化することなく、細胞が自分のいるべき場所に移動して体を修理するような過程もあります。

イモリなどの複雑で強固な構造を持った生物の再生は付加再生、ヒドラのようなブニョブニョした手足もはっきりしない生物の再生は、形態調節であると大まかに分けることができます（図2-6）。

ところが、研究の進展にともなって生物の再

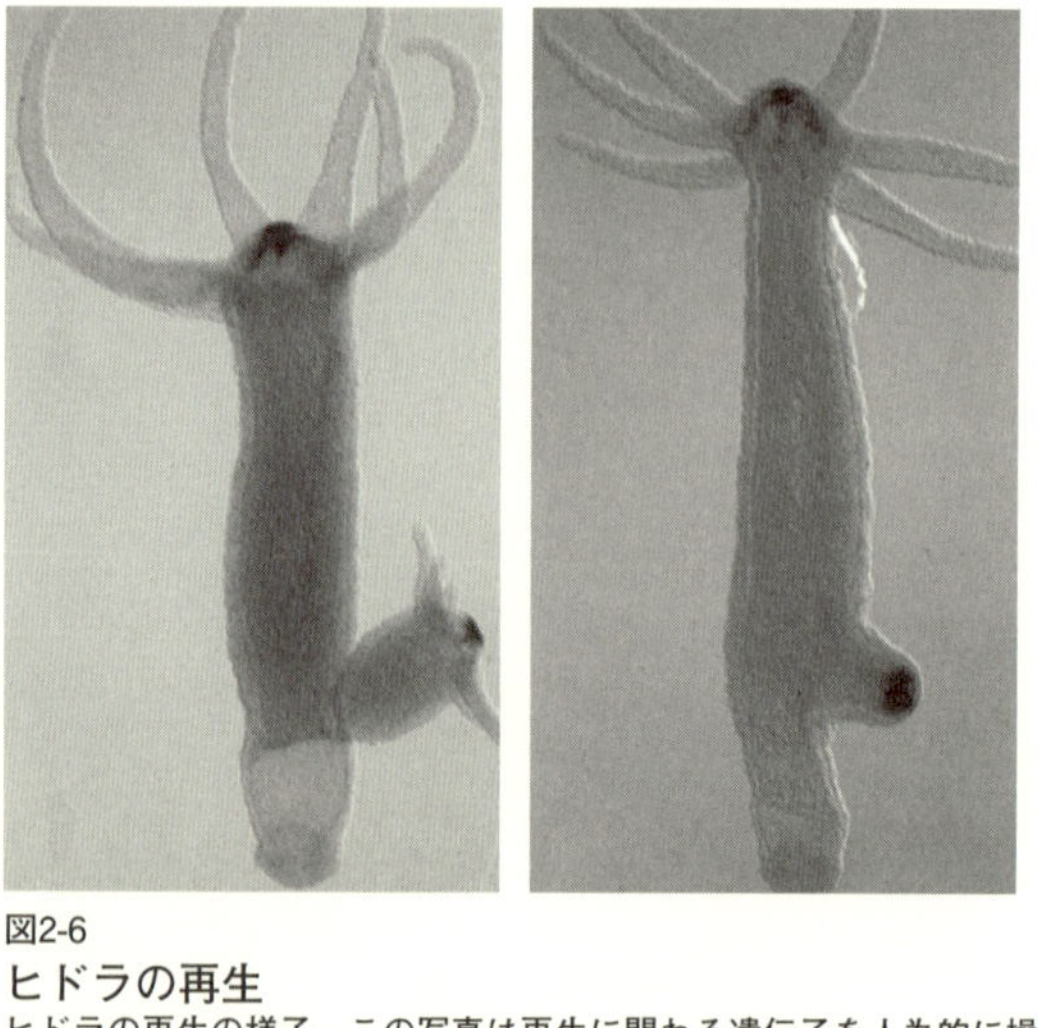

図2-6
ヒドラの再生
ヒドラの再生の様子。この写真は再生に関わる遺伝子を人為的に操作した実験上の再生。下のほうから異常再生を開始している。2枚の写真は同じ実験操作をした別の個体。
［写真提供／Lengfeld T., *et al.*,（2009）Copyright © 2009, Elsevier］

生の仕組みがより細かく理解されるようになり、あらゆる再生を**付加再生と形態調節の2種類には単純に分けられないことがわかってきました。**※

再生開始の合図

再生のスタートよりもさらに前の段階、つまり、これらの細胞が「あ！　手足の再生を始めなきゃ！」ということをどのようにして認識しているのかについても諸説あります。四肢の切断部などで細胞が壊れると、細胞のなかでさらに袋のなかに入れて保管されていたプロテアーゼというタンパク質を分解する酵素が流出します。このプロテアーゼが再生のトリガーの1つであることは確実なようですし、四肢の切断と共に切断された神経からの分泌因子も関わっています。

※研究の進展にともなって中間的な事象が発見され、それまで何十年もかけて構築した分類学が一瞬で崩壊してしまうことは珍しくありません。特に、動物と植物の中間のような生物などは、いったい何をどう分類すればよいのか途方に暮れてしまいます。ただ、考え方によっては、その領域の研究者に新しい研究素材を提供している研究領域の「分化」が起きているともいえます。

2-3 大量生産・大量消費の血液細胞

自然治癒が行われる過程でなくてはならないものが血液です。失われた手足を元どおりに再生したり、病気を治したりする自然治癒そのものとは若干ニュアンスが異なりますが、血液のなかに含まれる細胞は、私たちの体を構成する細胞のなかで最も劇的に再生されるものだといえます。血液のなかの細胞としては、赤血球、血小板、そしてそれ以外の成分を総称した白血球が存在していますが、いずれも造血幹細胞から分化能力を一段階失った前駆細胞を経て生み出されます。

赤芽球から生まれる赤血球

赤血球は血液の容積のおよそ半分を占め、成人男性では全身に25兆個が新陳代謝しながら存在しています。赤血球の寿命は１００～１２０日程度あり、血小板が７～10日程度の寿命しかないことと比較すると長く使える細胞ではありますが、それでも１日に２０００億個の赤血球が生み出され、古い赤血球と交換されています。

赤血球は造血幹細胞から分化し、赤血球の生産に特化した幹細胞である赤芽球（せきがきゅう）が増殖・分化することによって作り出されます。

ちなみに赤血球は、赤芽球が赤血球になる段階で核を失っていますので、遺伝情報を持たず、何をどうあがいても脱分化してほかの役に立つことはできない使い捨ての細胞です。

巨核球が無数に分かれて誕生する血小板

血小板の生い立ちはちょっと変わっています。もともとの由来は造血幹細胞なのですが、それが分化した巨核芽球（きょかくがきゅう）を前駆幹細胞とし、これが成熟した巨核球が数千個の血小板を放出することによって誕生します。

血小板の実態は、巨核球の細胞質です。組織の損傷をともなったケガなどの傷害の後の自然治癒でまず最初に活躍するのがこの血小板です。

さまざまな前駆細胞から生まれる白血球

白血球は血液中の細胞のうち、赤血球でもなく血小板でもないものの総称です。白血球は前駆細胞の違いによって顆粒球、単球、およびリンパ球に分けられ、顆粒球はさらに好中球、好酸球、好塩基球に分けられます。白血球の半分以上を占める好中球は1日に700億個も生み出されています。

これら全ての細胞の元になる造血幹細胞（図2－7）は骨髄中に存在していますが、その量はごくわずかです。白血病などの難病治療に骨髄移植を行うのは、造血幹細胞を移植することを意味しています。

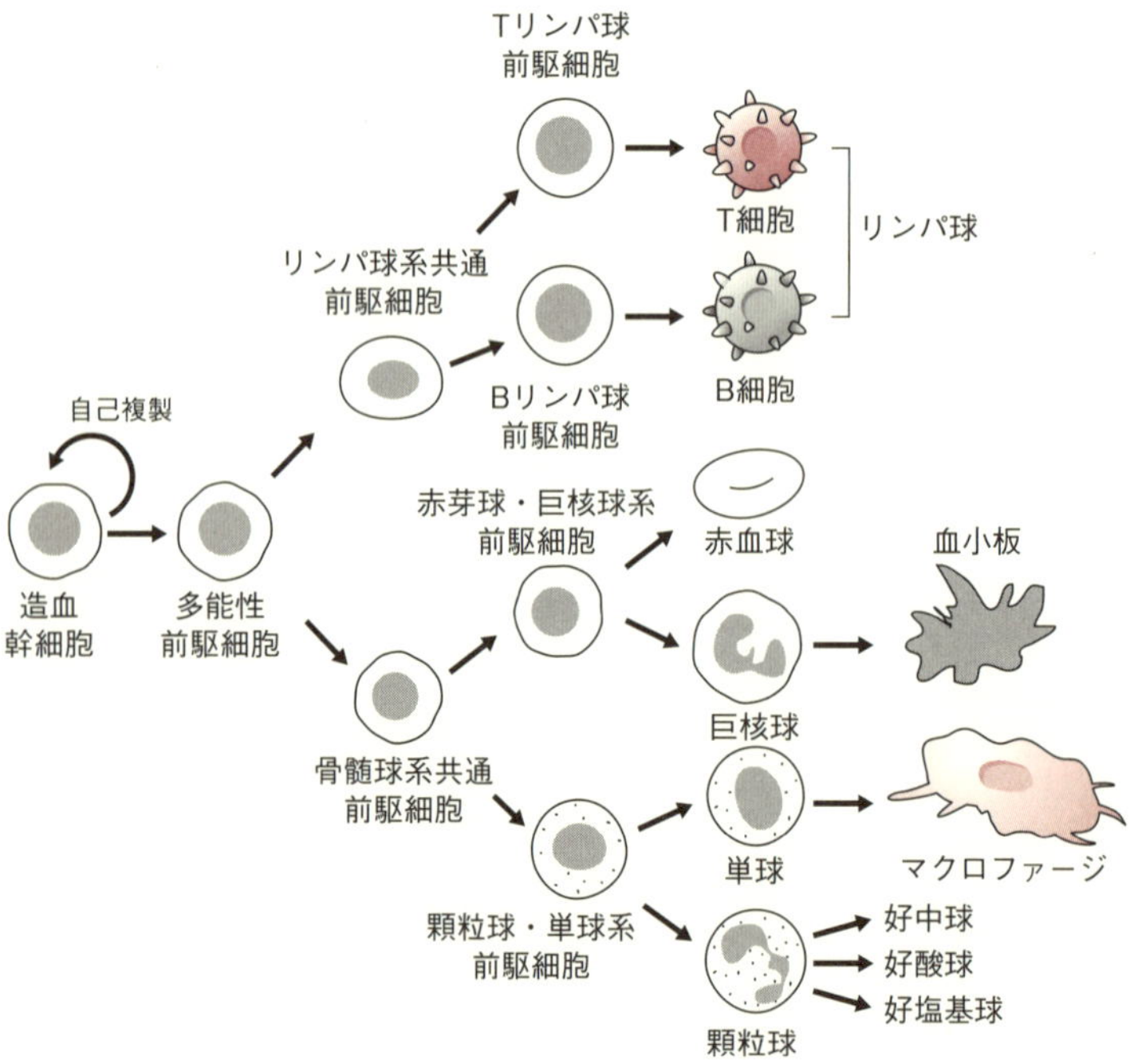

図2-7
造血幹細胞の分化
血液中の細胞成分である赤血球、血小板、白血球は、何段階かの前駆細胞を介して分化します。白血球は数種類の細胞の総称で、赤血球と血小板以外の細胞をまとめて白血球と呼びます。

2-4 骨折は自然治癒の代表

スクラップ&ビルドで常に新品

骨は非常に硬く、動きもなく、大人になってしまえば成長するわけでもないので、非常に静かな組織だと思われています。しかし、骨でも新陳代謝は行われており、古い骨は廃棄され、常に新しい骨に更新されています。

骨が常に新しく保たれているのは、古い骨を溶かすことが専門の破骨細胞と、破骨細胞が溶かした部分に新しい骨を作ることが専門の骨芽細胞の2種類の細胞が協調して活動している成果です。

両者は骨の生産を分担するだけでなく、骨芽細胞は破骨細胞の、破骨細胞は骨芽細胞の分化や活性をお互いに調節し、ちょうどよい量の骨が正確に再生されるように行動しています（図2-8）（図2-9）。

両者の行動のバランスが崩れ、破骨細胞が優勢になってしまったのが骨粗鬆症です。破骨細胞と骨芽細胞のように、ホメオスタシスを維持するために、プラスの作用

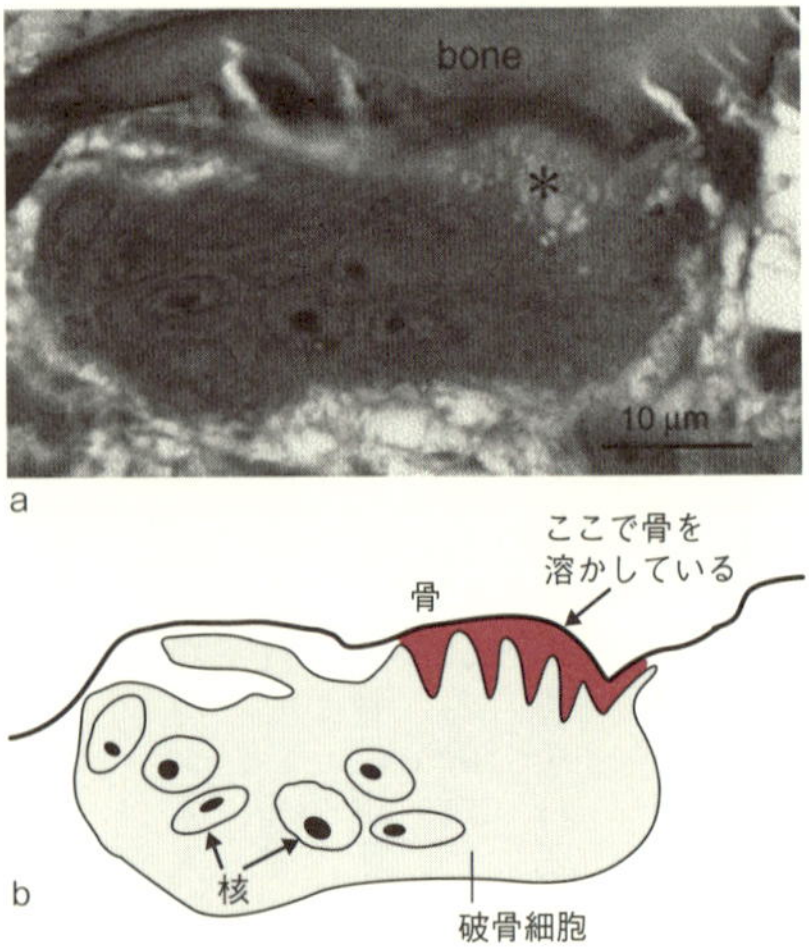

図2-8
破骨細胞
(a) 骨を溶かしている破骨細胞の顕微鏡写真
(b) 顕微鏡写真の模式図
[写真提供／Nemoto Y., *et al.*, (2007)　Copyright © 2007, Elsevier]

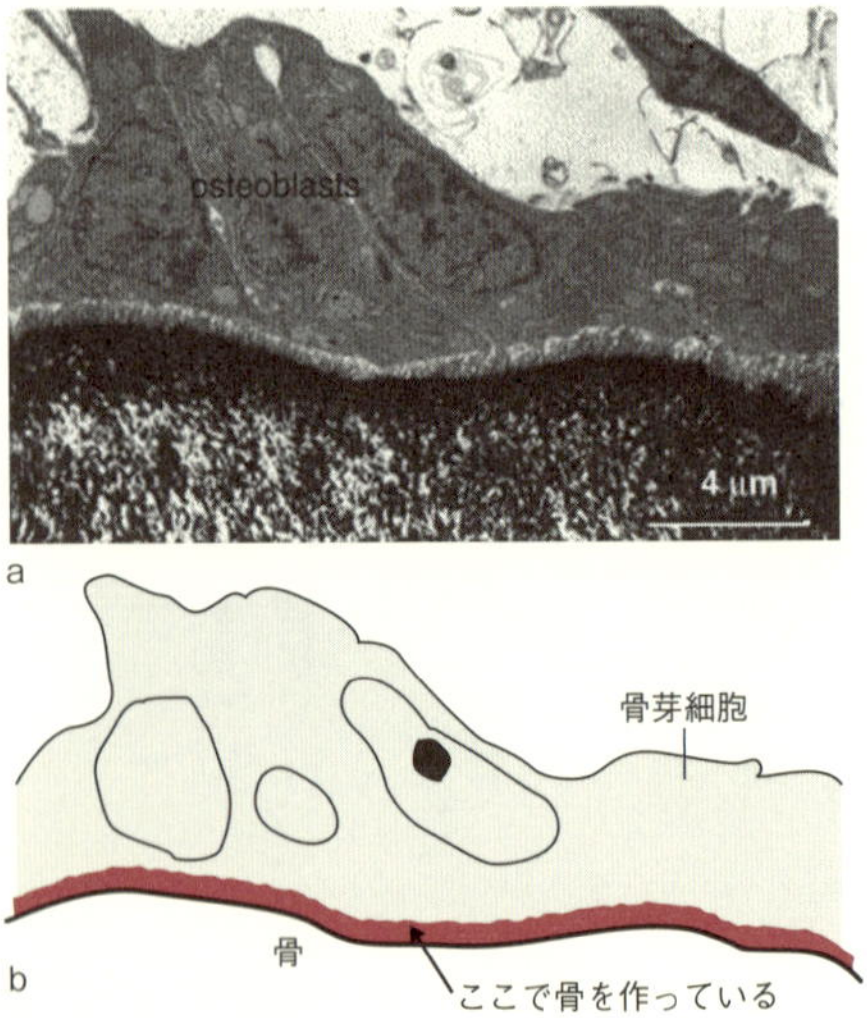

図2-9
骨芽細胞
(a) 新たに骨を形成している骨芽細胞の顕微鏡写真
(b) 顕微鏡写真の模式図
[写真提供／Nemoto Y., *et al.*, (2007)　Copyright © 2007, Elsevier]

を持つ制御系とマイナスの作用を持つ制御系を同時に動かす手法は高等な生物でよく見ることができます。人間で最も顕著な例は交感神経と副交感神経です。交感神経と副交感神経については、くわしくは第3章で紹介します。

人工骨もやがて自分の骨になる

骨は非常に自然治癒力の高い組織です。そのため、些細な骨折であれば骨折部位を固定しておくだけで自然に修復されます。このときのメカニズムは通常の骨芽細胞による骨形成過程と同じ仕組みで治癒するものと思われています。

破骨細胞と骨芽細胞に任せていては、なかなか治癒しないような大規模な骨折の場合には、骨移植でほかの部位から骨を骨折部位に移動させることによって、欠損部分の補填や骨再生の促進を促したり、ヒドロキシアパタイトでできた人工骨の埋め込みなどが行われます。いずれにしても、このように外部から持ち込まれた骨、あるいはヒドロキシアパタイトでできたその代用品は、破骨細胞と骨芽細胞の働きによってやがて自分自身の骨と置き換えられます（図2-10）。

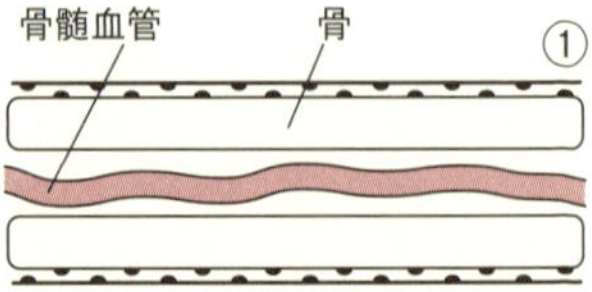

骨は筒状の組織で内部は骨髄で満たされています。

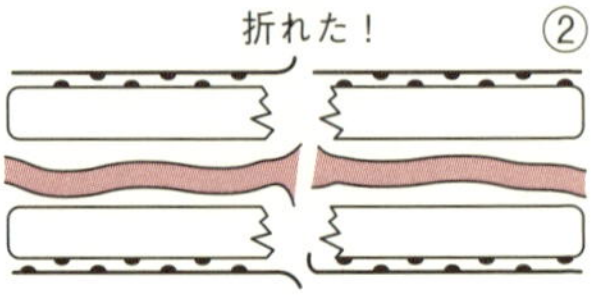

骨折しました。

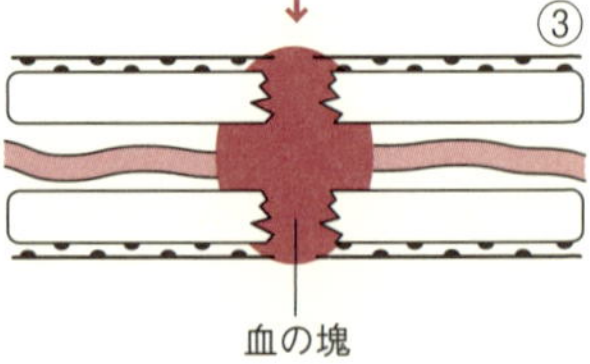

骨のなかは毛細血管が密集しています。そのため骨折すると出血し、骨折部には血の塊ができます。

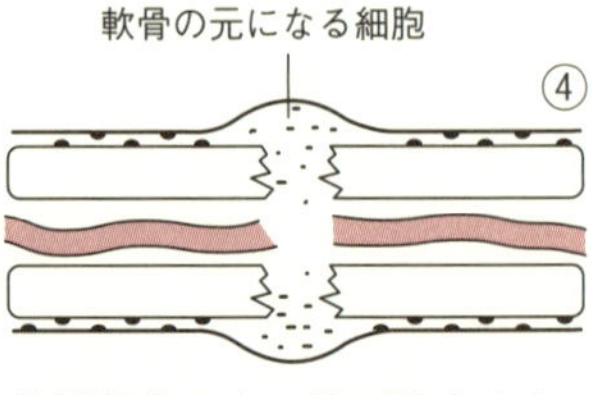

骨折部分の血の塊が除去され、軟骨の元になる細胞が骨折部位を取り囲みます。

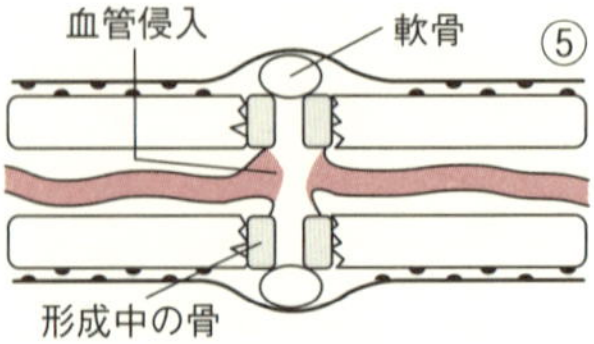

血管が再生され、軟骨も形成され、骨の修復が始まります。

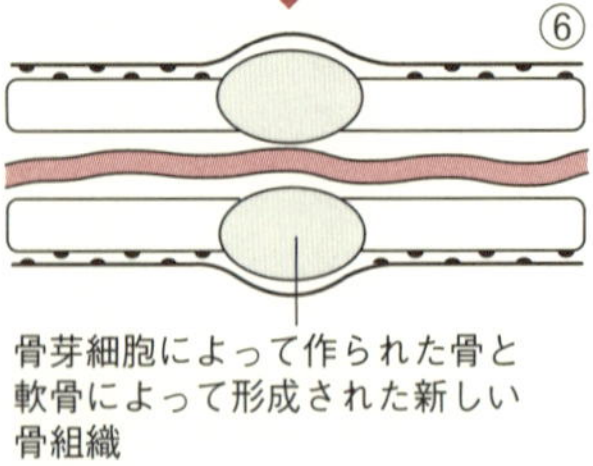

新たな骨が形成されましたがこれでは大きすぎます。

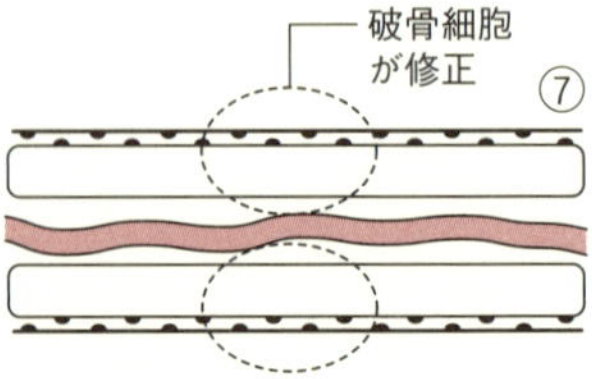

破骨細胞が、新しい骨をちょうどよい大きさに修正します。

図2-10
骨折が治る様子（断面図）

2-5 たかが風邪に対しても全力で立ち向かう

ウイルスには薬は効かない

風邪が治るのはいわゆる〝再生〟とは違いますが、風邪で損なわれた体が元に戻ることを広く〝再生〟と捉えることもできます。

まず、風邪という病気は何であるか考えてみましょう。私たちは、咳が出たり、鼻水と熱が出たりすると、医師の診断を受けるまでもなく「風邪をひいてしまった」といいますが、風邪とは複数の病気の状態を総称する「症候群」の名称です。根本的な原因は多くの場合、ウイルスがのど周辺の気道上部へ感染した結果で、少数ながら細菌の感染でも発症します。その結果、鼻、のど、気管支に炎症が発生し、それを原因として、発熱、頭痛、悪寒、鼻汁、咳などおなじみの症状がいろいろと出てきます。

第1章で述べたとおり、ウイルスは〝生物〟ではありません。したがって風邪を治すといっても、有害な〝生物〟を殺すために作られ、広く普及している抗菌薬の類は根本的に効果がありません。そのため、現在処方される薬は、「これが、熱を下げる薬です」、「これが咳を止める薬です」などと説明されることから予測されるように、**症状を抑えるものばかりです**※。

発熱は元気な証拠？

先ほど、風邪でおなじみの症状としてあげたさまざまな体の反応は、その多くが体が自然治癒力を発揮している証拠でもあります。特に、発熱は生体防御反応の代表です。私たちの体のなかには白血球という立派な防衛隊が存在し、ウイルスの侵入とともに自発的に防御態勢に入り敵を攻撃します。彼らの熱い戦いの結果が、発熱として現れます。したがって、中枢神経にダメージを与えて昏睡状態に陥るような異常な発熱でもない限り、**解熱剤を安易に飲むと自然治癒力を妨害することになるとされています**※※。

むしろ危険なのは、熱が出ないことのほうです。「感染が起きた。発熱せよ」という発熱中枢への指令は、歳をとるにしたがって細胞活性の低下により衰えてきます(図2-11)。私たちは自分が病気どうかの判断材料として体温を重視します。そのため、インフルエンザのように高熱が出て死に至るケースがある疾患にかかっていても、高齢による細胞機能の低下で指令が上手く伝わらずに、熱が出ていないだけであ

※いろいろな対症療法の薬を処方されて、最後に「この薬を飲むと胃が悪くなることがありますのでこれが胃薬です」と胃薬まで処方されることがあります。こうなると、本来人間の自然治癒力で治すことが可能な風邪に対して薬を無理矢理飲んで、悪くもなかった胃を悪くして、いったい何をやっているのだろうという気持ちになってきます。

※※ただ、症状を抑える必然性は人それぞれですので、発熱していて仕事に差し支えたり、子どもがあまりの高熱で親の心配が限度を超える場合などは、解熱剤を使うのも現代人の選択としてやむを得ないことです。

ることがわからず、「たいしたことはない」と患者が勝手に判断し、気づいたときにはもう手遅れ……ということも多くあります。

肺炎の場合も同じです。少し咳が出て長引いてはいるけれど、たいした熱もないし単なる風邪だろう、と軽くみているうちに、突然呼吸困難に陥って急死してしまう。こうしたケースが高齢者では多いのです。

発熱のしくみ

人間の体に表れる発熱現象のうち、風邪のような感染症をきっかけとした免疫系の活発化によって生じる発熱の仕組みに関しては、サイトカインという物質の活動に基づいて説明がなされています。

サイトカインとは、体内の細胞から分泌されて、細胞と細胞の相互作用を起こすタンパク質のことです。サイトカインを作り出す細胞は、主に免疫に関わ

図2-11
熱は体の機能が正常に働いている証拠

る細胞で、リンパ球やマクロファージなどと専門家が呼んでいる、人間の体の防衛隊細胞です。

サイトカインの働きについては、第3章でもくわしく取り上げますが、サイトカインの仕事は次のようなものです。

・白血球の仲間のリンパ球を活性化して防御機能を高める。
・防御機能（免疫反応）の程度を適正にコントロールする。
・血液細胞の生産を調整する。

サイトカインはこのような作用を持つタンパク質の総称で、そこに含まれるタンパク質の種類には、
・免疫関連の細胞同士で情報を交換し免疫反応を調節するインターロイキン（IL）
・ガン細胞に対する殺細胞作用を持つ腫瘍壊死因子（TNF）
・ウイルス抑制物質インターフェロン
・細胞成長因子
などがあります。

特に発熱に関わるのはインターロイキンです。遺伝子レベルで存在と機能が明らかになると新たに定義され、今では30種以上が知られています。それぞれのインターロイキンはアルファベットの略称「IL」のあとに番号を表記し、「IL-1」「IL-2」と呼んで区別しています。

インターロイキンは一見、ホルモンと似ています。しかし、ホルモンは特定の臓器で特定のホルモンが生産されますが、インターロイキンを含むサイトカインは全身で生産されています。また、決定的な違いではありませんが、サイトカインよりもホルモンのほうが分子量が小さいことが一般的です。

さて、話題を発熱に戻しましょう。

ウイルスの感染によって免疫細胞系による防御機能が活性化されると、IL-1やIL-6が放出されます。これらは緊急事態になると活動するインターロイキンです。体温のコントロールは脳の体温中枢で行われていますが、これらのインターロイキンが脳の血管で細胞に作用すると、血管の細胞内で直接発熱作用に関わる分子であるプロスタグランジンE2がプロスタグランジン合成酵素によって作り出され、脳のなかへ拡散し、体温調節中枢の細胞表面に存在する特殊なタンパク質に結合します。この結合によって全身の体温を調節している神経回路が活性化され、発熱せよと命令が出され

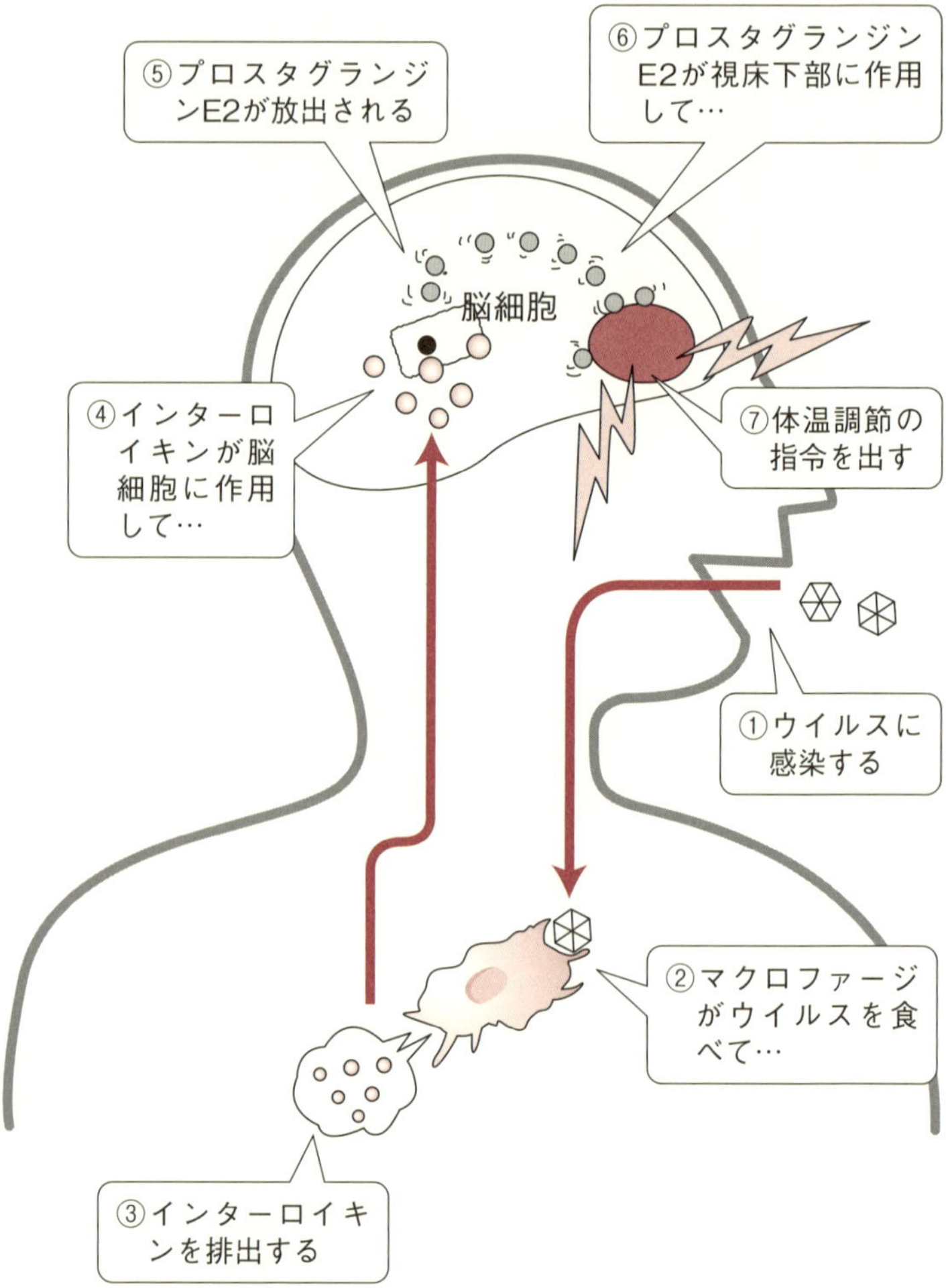
⑤プロスタグランジンE2が放出される
⑥プロスタグランジンE2が視床下部に作用して…
脳細胞
④インターロイキンが脳細胞に作用して…
⑦体温調節の指令を出す
①ウイルスに感染する
②マクロファージがウイルスを食べて…
③インターロイキンを排出する

図2-12
発熱のしくみ

ます（図2−12）。
ちなみにアスピリン[※]などの非ステロイド性解熱鎮痛剤は、プロスタグランジンを作り出す過程で機能しているシクロオキシゲナーゼ（COX）と呼ばれる酵素の働きを妨害することで、プロスタグランジンE2を作らせないようにして発熱のメカニズムを抑えています。

神経細胞とサイトカインによる体温調節は、ウイルス感染が起きたときだけでなく、平常時の体温調節にも同じ仕組みで機能しています。体温はこのような脳でのさまざまな反応の足し算・引き算の結果として算出され、皮膚などへ交感神経系と運動神経系の活性化という形で送られます。交感神経系の行き先は脂肪細胞や血管の細胞で、交感神経系が活性化されることによって、脂肪組織に蓄えられたエネルギーが熱に変換されます。熱を全身に循環させるのは血液の役目ですので、血管細胞では血管を太くしたり細くしたりして流れる血液の量を加減し、体を冷やしたり暖めたりします。一方で、運動神経系は体をふるえさせることによって熱を作り出そうとします。

このように、エネルギーの熱への変換、熱の発散の抑制、ふるえによる発熱、の3つの方法によって体温は上昇し、感染した細菌が生育しにくい高温環境を作り出しています。

※アスピリンは発売からすでに100年以上経過して、いまだに売れている薬です。アスピリンは世界全体で年間1000億錠生産され（バイエル社調べ）ています。アメリカ人は特にアスピリンが好きで、病気でもないのにガバガバ飲むので、毎年新たに10万人が副作用に苦しみ、2000人が死亡しています。

2-6 血が止まるのはなぜ？
——止血と血管再生

すでに紹介したとおり、両生類には手足を再生する能力を持つものがいますが、人間にはそんな能力はありません。しかし、切り傷を治す程度の能力はあります。

切り傷を負ったときは、雑菌の侵入を防いだり、損傷部位を元どおりの形に整形したり、体が対処しなければならないことがいくつかあります。真っ先に取り組まなければならず、最も俊敏に機能する自然治癒能力が血液の流出を止める作用です。

血液の構成成分を大まかに分類すると、細胞である赤血球、白血球、血小板と、これらを全身に運ぶ液体成分である血漿とに分けられます。血液の役目には、次のようなものがあげられ、もし流出したままにすると大変なことになります。

・全身の細胞に酸素を届け、二酸化炭素を回収する。
・小腸などから吸収した栄養分を全身に配達し、不要物を回収する。
・ホルモンを運んで体の機能をコントロールする。
・白血球の戦場となり細菌などの侵入から体をガードする。
・体温を維持する。

傷口がふさがるしくみ

止血で真っ先に活躍するのは血小板です。血小板には血小板同士で、あるいは血管内壁と粘着する作用があり、ケガをして血が流れ出たとき、ただちに傷口にふたをする役目を担っているため、ふだんから全身を巡回しています。

血管が傷つくと、血管の内側の細胞が壊れて、ふだんは血管内部に隠されているコラーゲンが露出します。血小板はこれによって緊急事態を認識し、損傷部位にただちに駆けつけ、傷口周辺に粘着し、お風呂の底の栓のような血栓を作って出血を止め、体を守ります。この一連の反応を「血小板凝集（ぎょうしゅう）」と呼びます。

血小板は連結器の役目をするフォン・ウィルブランド因子（ｖＷ因子）と呼ばれる物質を使用して血小板同士でつながったり、傷口のコラーゲンとつながったりして、破れた傷口の上に覆いかぶさります。粘着した血小板はアデノシン二リン酸（ＡＤＰ）、カルシウム、セロトニンなどを放出して、さらに仲間の血小板を呼び寄せます。集まった血小板は、血漿中に含まれているフィブリノゲンと呼ばれる線維によって絡め取られるように凝集し、止血が終了します。その後、血管の細胞が増殖することによって穴が修復されるとともに、フィブリノゲンと血小板、赤血球でできた塊

（つまり、かさぶた）は乾いてはがれ落ち、修復が完了します（図2−13）。

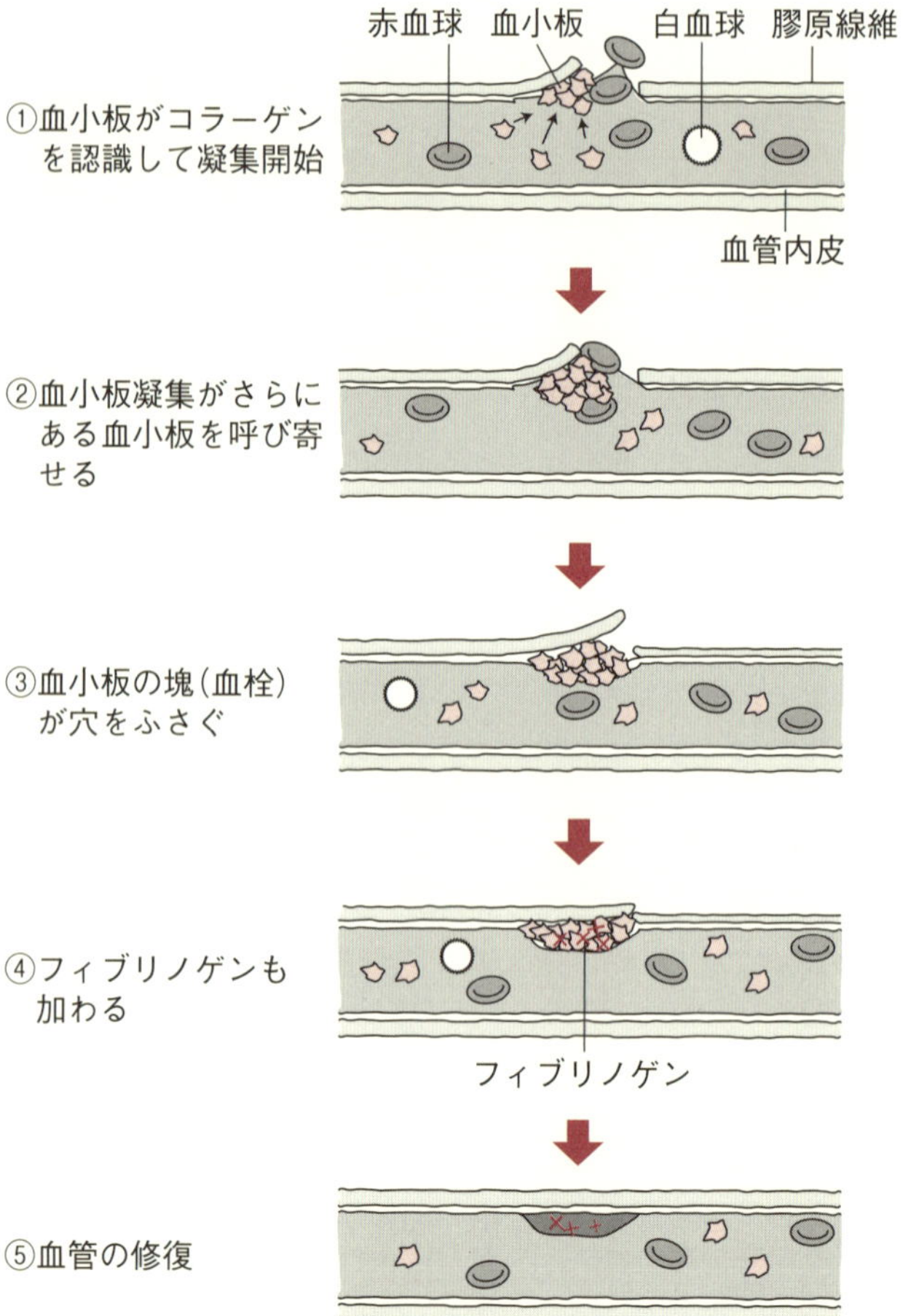
赤血球
血小板
白血球
膠原線維
血管内皮
①血小板がコラーゲンを認識して凝集開始
②血小板凝集がさらにある血小板を呼び寄せる
③血小板の塊（血栓）が穴をふさぐ
④フィブリノゲンも加わる
フィブリノゲン
⑤血管の修復

図2-13
血小板凝集

臓器の再生に大きく影響する血管新生

血管は、自分自身を修復するほかに、ほかの臓器の自然治癒にも積極的に関与します。四肢や臓器が失われた場合、そこにあった血管も当然失われますが、細胞は常に酸素や栄養の供給を求めているため、血管も再生する必要があるからです。このような血管が新たに作り出される作用を「血管新生」といいます（図2-14）。

血管新生のなかには、ケガの後の修復のほか、成長にともなって新たに血管を伸ばす必要が生じた場合や、ガン細胞が旺盛な増殖力を維持するため、血管をガン細胞の塊のなかに引き込む必要が生じて血管が作り出される場合も含みます。ガンについて

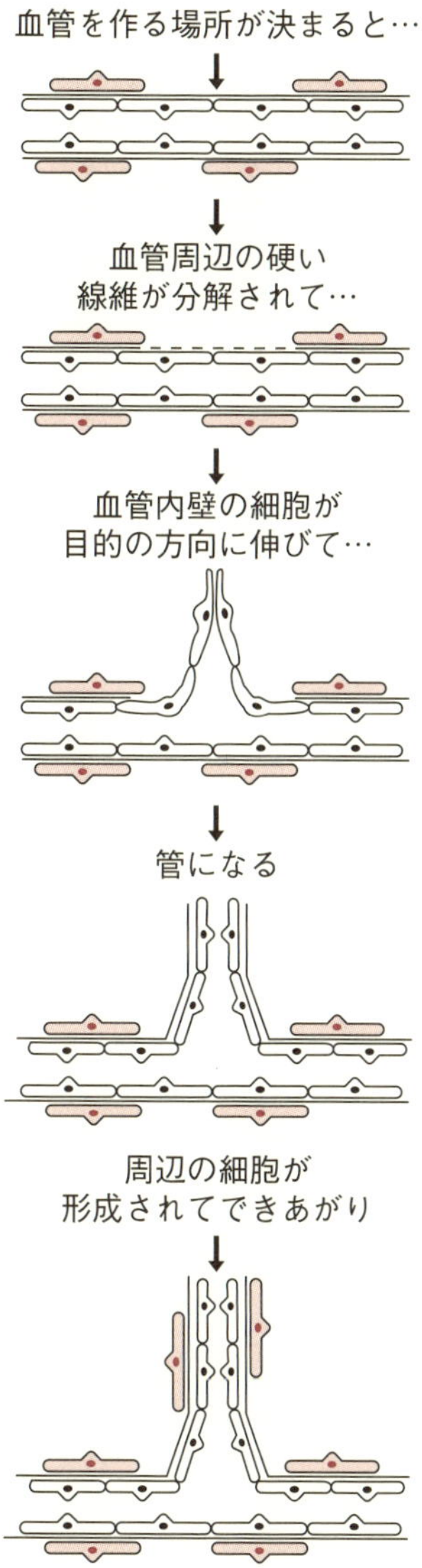

血管を作る場所が決まると…
血管周辺の硬い
線維が分解されて…
血管内壁の細胞が
目的の方向に伸びて…
管になる
周辺の細胞が
形成されてできあがり

図2-14
血管のでき方（血管新生）

は、この仕組みを逆手にとって血管新生を阻害する物質を抗ガン剤として利用することができます。

意外と複雑な血管の形成

血管は内側で血液と接する内皮細胞とそれを外側から包み込む外壁細胞が間違いなく構成され、しかも、血液がもれることのない管状となって、全身のあらゆる細胞に酸素と栄養を送り届けることができるように張り巡らされなければなりません。これは思いの外、複雑で難しい仕事です。

マウスの全遺伝子のなかから、血管の形成に関係あるのではないかと狙いをつけた遺伝子を1つずつ破壊して、ある遺伝子が破壊されたときに血管系にどのような変化が生じるかを確認する地道な研究が行われました。その結果、マウスの血管系を正常なものにするために、30種類以上の遺伝子が働いていることがわかりました。これらの遺伝子の1個にでも異常が発生すると血管系は完成しません。脳の血管、心臓の血管、腸の血管など、いくつかの臓器ではその臓器用の血管形成の遺伝子があることもわかり、何をしているのか役目がはっきりしないけれど、異常が起きると血管系がうまくできない遺伝子も見つかっています。

2-7 アキレス腱を切っても自然に治る仕組み

腱とは骨格筋の両端にあって、筋肉を骨と結合する線維の束で、アキレス腱は筋肉と足のかかととを接続しています。アキレス腱は歩行に欠かせない重要なものですが、一部分、あるいは完全に断裂してしまうことも珍しくありません。ふだん運動をあまりしない人が、急に体を動かした際に切れてしまうことが多いのですが、しっかりとトレーニングをしたプロのスポーツ選手であっても、瞬間的に強力なジャンプをするような競技では、アキレス腱を切ってしまうことがあります。剣道はアキレス腱を切りやすいスポーツといわれていますが、これは構えの状態から踏み込むときに、瞬間的に非常に大きな力がいつも同じ側の足にかかることが原因のようです。また、歳をとると階段の踏み外しなどでも切ることがあります。

自然につながるアキレス腱

アキレス腱断裂の治療は、速やかに競技に復帰しなければならないスポーツ選手の場合は、自分の体の別の場所から取ってきた腱や、人工靭帯（じんたい）を用いた再建外科手術によって接続するケースが多いようです。しかし、足を固定しておくことによって自然に治癒させることもでき、手術をせずに自然治癒させる方法もあり、これを「保存療法」といいます。切断直後からきちんと保存療法を施すと、手術をすることなく治癒する確率が高いのですが、切断後「調子が悪いな」などと思いながら放置して、どうにもならなくなってから病院に出向いた場合は、多くの場合、手術をすることになります。

無重力の国際宇宙ステーションに数週間滞在した宇宙飛行士は、地上に戻ってすぐには記者会見に臨むことができないほど筋力が弱るといわれています。アキレス腱断裂後にギプスで固定した状態も、その間、周辺の筋肉を使用しないことになり、筋力が衰えてしまいます。そのためにリハビリをするのですが、このとき無理をすると、リハビリが原因でアキレス腱が再び切れてしまうので注意が必要です。

線維芽細胞の働きを血液が応援

アキレス腱の修復は線維芽細胞によって行われます。線維芽細胞は細胞と細胞の隙間を埋めて、細胞同士をつなぎ止める※**膠原線維**（こうげんせんい）を分泌する細胞です。炎症やケガで組織に欠損が生じると、この細胞が活発化して膠原線維で欠損部を修復します。

※膠原線維は結合組織の線維で、煮ると膠（にかわ）（ゼラチン）を生じるのでこの名がつけられました。太さは1000分の1mmくらいですが非常に丈夫です。主成分はコラーゲンですが、そのアミノ酸組成によってバリエーションがあります。

アキレス腱断裂後、どのように腱が修復されるかについてラットを用いて観察した結果によると、3日目には修復が開始されたことが確認でき、切断された腱と腱の間が組織によって覆われ、線維芽細胞も登場していました。1週間後には線維芽細胞がさらに増加し、切断した両端が索状（ロープ状）の組織でつながっていました。

アキレス腱はもともと血管の少ない場所です。しかし、3日後には切断部位周辺に血管が現れ、アキレス腱の修復が活発に行われている際には、細胞に酸素や栄養を供給するために過剰に血管網が張り巡らされました。ところが、修復が完了する頃には、ふだんと同じくらいにまで血管網が減少します。ラットの場合、このような経過を経て、長くとも6週間程度で修復は完了するようです。

いざ、というときに大活躍する線維芽細胞

正常なアキレス腱は線維芽細胞から作り出された膠原線維の束ともいえる構造で、線維芽細胞は線維の隙間で活性を低下させた状態で細々と存在しています（図2-15）。しかし、切断されるとただちに活性化し、増殖する仕組みになっています。アキレス腱のなかは空間的な余裕がまったくないので、線維芽細胞は切れた腱を修復するための作業場所を確保するように、膠原線維を押し広げるようにして活動します。

一方、切断断面では線維、白血球、線維芽細胞が入り交じった状態から再生が始まりますが、線維芽細胞の活動は切断後ただちに始まります。再生にあたり、線維の束はほぐされるように分散し、その隙間で線維芽細胞が増殖を行い、既存の線維と新たに作られた線維をなじませるように腱が形成されます。ラットの場合、4週間から6週間が経過すると既存のアキレス腱と修復の過程で新たに形成されたアキレス腱の違いはほとんどわからなくなり、線維芽細胞も線維のわずかな隙間に引きこもって、次の出番を待つ状態となります。

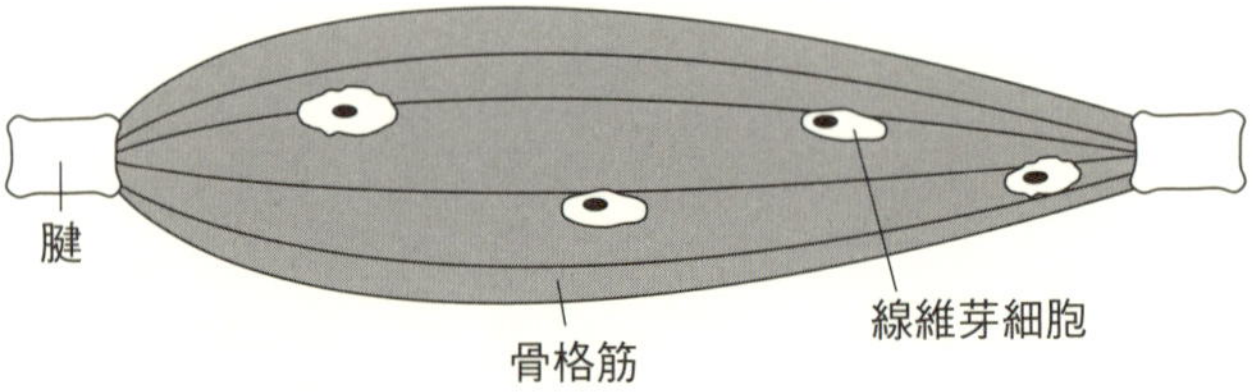

図2-15
腱と筋と線維芽細胞

2-8 骨格筋の再生能力

アキレス腱の再生能力が旺盛であることはおわかり頂けたかと思いますが、筋（きん）にも再生能力はあります。筋には心筋、平滑筋、骨格筋の3種類があります。

心筋は心臓の構成組織そのもので、形を維持すると共に全体で協調して伸び縮みすることにより心拍を生み出します。

平滑筋は心筋以外の内臓の筋で心筋のようにまとまって1つの臓器になることはなく、必要な場所に必要な量が配置されて臓器の運動を司ります。

そして、筋の代表ともいえるのが骨格筋です。普通に筋肉といえば骨格筋のことです。私たちが跳んだりはねたりできるのは、骨格筋が運動器官として機能しているからです。人間の場合体重のおよそ半分は骨格筋ですので、体の構造体そのものといえます。その種類は400種類もあります。

骨格筋の再生を担う筋サテライト細胞

骨格筋の幹細胞は、筋サテライト細胞です。骨格筋は大量の筋線維と呼ばれる細胞

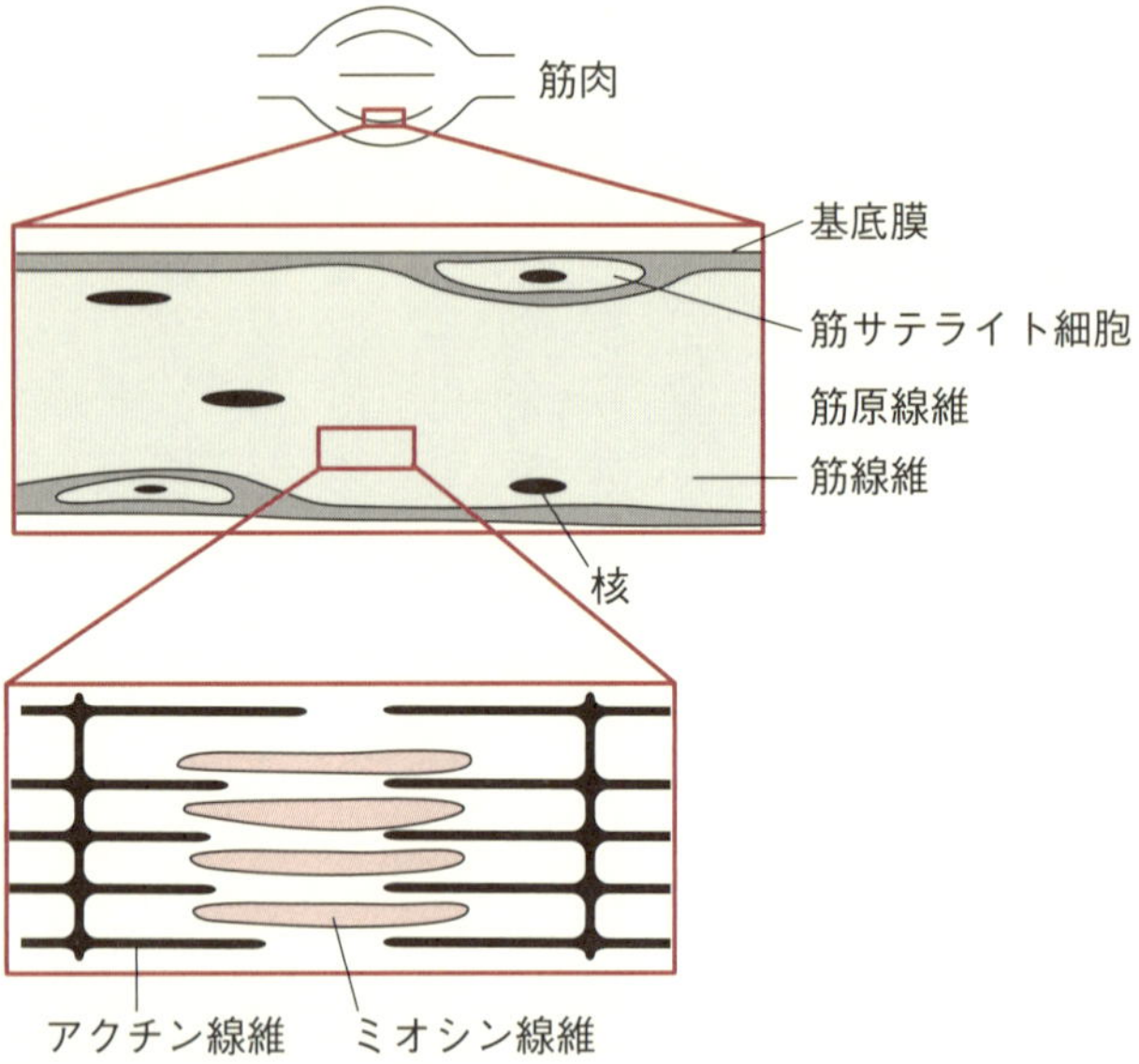

図2-16
骨格筋の構造
骨格筋の筋線維は、複数の細胞の融合体なので核がたくさん含まれています。筋サテライト細胞は、ふだんは骨格筋のすみっこで小さくなって、おとなしくしています。

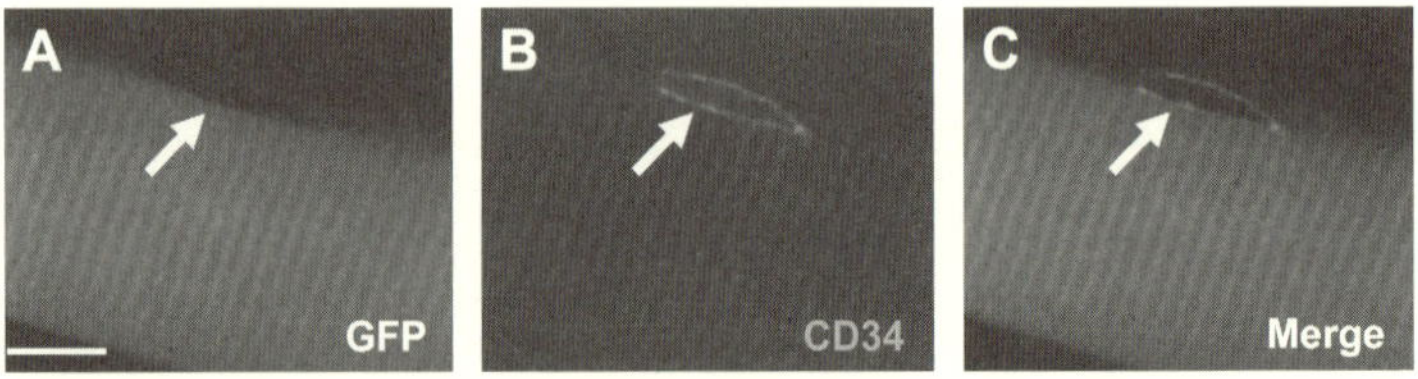

図2-17
骨格筋に付着するサテライト細胞の顕微鏡写真
(A) 骨格筋のみが写る条件で撮影
(B) サテライト細胞のみが写る条件で撮影
(C) (A) と (B) を合成したもの
[写真提供／Kanisicak O., *et al.*, (2009)　Copyright © 2009, Elsevier]

が束ねられてできています。筋線維は1つ1つが腱と腱をつなぐ細長く巨大な細胞です。筋線維の内側にはアクチンやミオシンを主成分とする収縮タンパク質が、滑るような運動をして筋を伸縮させます（図2-16）。筋サテライト細胞はこの筋線維の表面に付着している小さな細胞です（図2-17）。筋線維は1個の細胞のなかに核がたくさんある多核細胞ですが、筋サテライト細胞は単核です。筋線維とその表面に付着した筋サテライト細胞を一緒に膜で包んだものが大量に束ねられて骨格筋となります。

筋サテライト細胞の働く仕組み

筋サテライト細胞もアキレス腱の線維芽細胞と同様に、いざというときの出番に備え、ふだんは静かに待機していて、特に何か役目を持っている様子はありません。ところが、ひとたび筋が損傷を受けると筋サテライト細胞は大活躍を開始します。開始するきっかけ、つまり、筋の損傷がどのような仕組みで筋サテライト細胞に伝わるのかは未解明の問題ですが、筋の細胞が破壊されることによって放出される細胞増殖因子や、一酸化窒素が筋サテライト細胞を刺激するという説が有力です。

筋が損傷を受けると24時間以内に筋サテライト細胞に「活動を開始せよ」の指令が出されます。すると筋サテライト細胞は自らと筋線維をあわせて包み込んでいた膜から外へ抜け出し、まずは筋前駆細胞へと変化し、筋前駆細胞のままで損傷部位を包むように分裂・増殖を繰り返します。やがて、次の指令が出されると筋前駆細胞は増殖を停止し、分化が始まります。このとき細胞はお互いに融合し、結果として多核細胞となって、さらに周辺の前駆細胞を取り込みながら成長します。やがて骨格筋特有の**横紋構造を形成**※し、筋の修復が完了します。

筋サテライト細胞は多能性幹細胞であることがわかっていて、少なくとも骨を作る骨芽細胞や脂肪を蓄える脂肪細胞へ分化する能力があることが試験管内の培養実験でわかっています[②]。ただ、動物体内では筋サテライト細胞が骨芽細胞や脂肪細胞に変化する様子はないので、筋サテライト細胞は、ご先祖様が持っていた能力を保持しているだけで、体内で骨や脂肪細胞に関わっているとは思われていません。そして、そのような能力を発揮しないように、筋サテライト細胞をコントロールしている仕組みも不明です。

※平滑筋や心筋にはない、この顕微鏡で観察できる特徴的な外観のため、骨格筋は横紋筋とも呼ばれます。

2-9 脳も再生しちゃう！

観賞魚のグッピーは大脳を摘出しても再生されます。イモリやサンショウウオの一部の種も脳を再生する能力があります。同じ両生類でも、カエルはオタマジャクシの時代は脳の再生が可能ですが、カエルになってからは再生が行われません（図2-18）。

なお、脳の再生で観察可能なのは、自発呼吸や心臓の鼓動などを司る脳幹以外の間脳や大脳が対象となります。脳幹は正常な機能が生存の前提ですので、再生が可能かどうかということ以前に、この領域が損傷を受けるとその動物は死んでしまうため、研究の対象とすることができないのです。

脳がなくても生きている!?

オタマジャクシでは大脳に相当する部分を完全に取り除いても、その後の行動には何ら変化がないようで、普通に泳いでエサも食べるという報告があります。いったい脳のなくなった頭で何を考えてエサを食べているのだろう、と感じさせてくれます。

脳を除去されたオタマジャクシはその後もすくすくと成長し、何事もなかったかのように脳が再生されます。再生に要する期間は1ヶ月程度です。そのプロセスは特に再生というよりも、受精卵からオタマジャクシが誕生するプロセスを単に再度実行しているだけのように見えます。

再び接続する脳の回路

手足の再生と脳の再生の意味が大きく異なるのは、その機能の復元に対する捉え方です。イモリの手足ならば、再び生えてきて、それでイモリが普通に動き回れば、なるほど元どおりに再生された、と判断できます。では、脳の場合はどうでしょうか？

残存させた膨大な神経のネットワーク

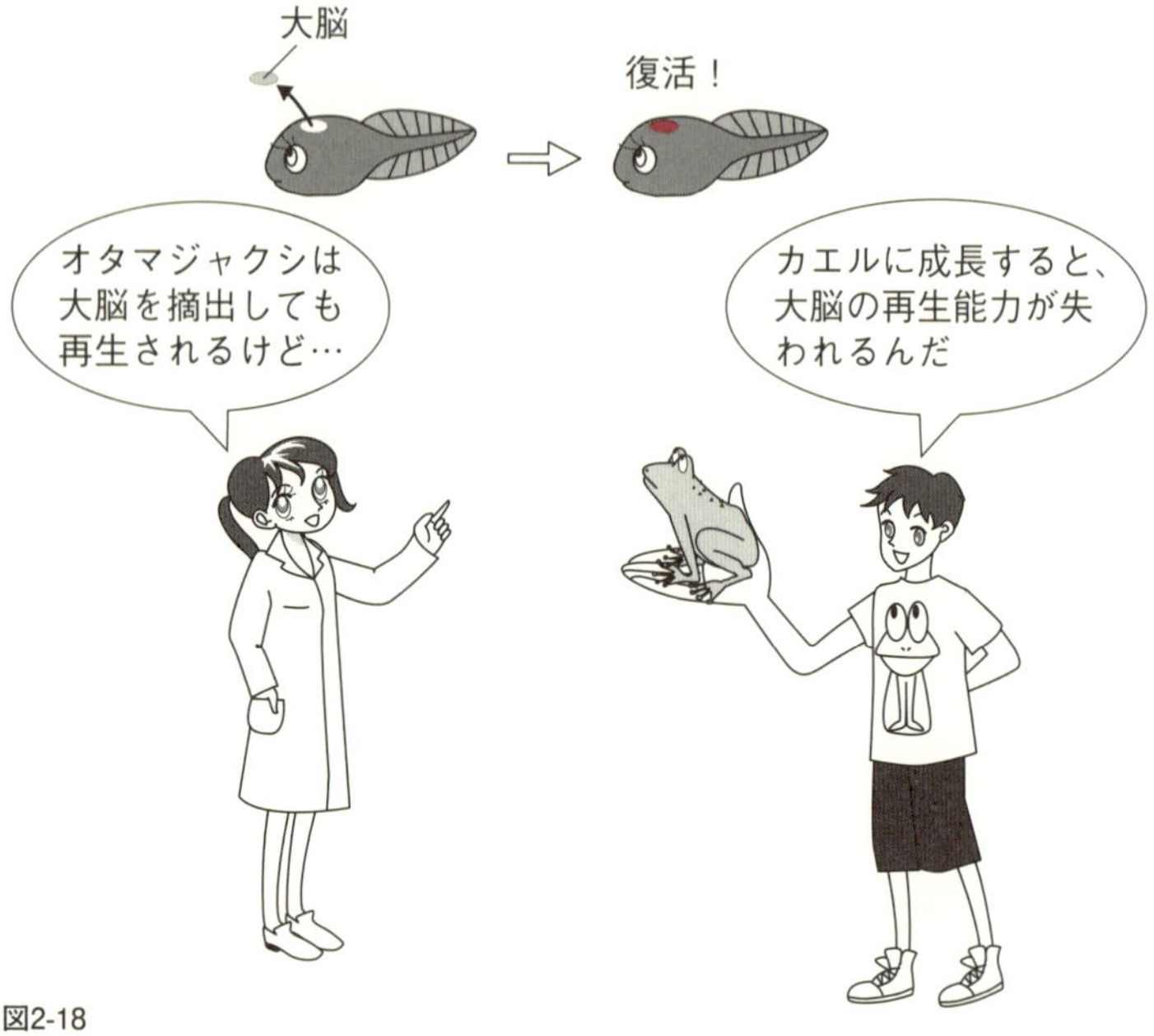

図2-18
オタマジャクシとカエルは再生能力が違う

と、新しく作り出された脳の回路は的確に接続し、機能するのでしょうか？　思考回路については、何がどうなっているか研究することが難しいのでよくわかりませんが、脳の嗅球という組織については、新しい仕組みで再生されるケースが知られています。

嗅球は脳の前端に位置する球状に突出した構造で、嗅覚を司る神経系です。鼻にある、においを感じるセンサー役のタンパク質から神経細胞（嗅神経）が伸びて接続し、においの情報を最初に受け取って、大脳が情報を処理しやすいように情報の前処理をした上で、より高次の処理をする中枢神経に情報を送るのが役目です。

大脳の切除にともなって嗅神経も切断さ

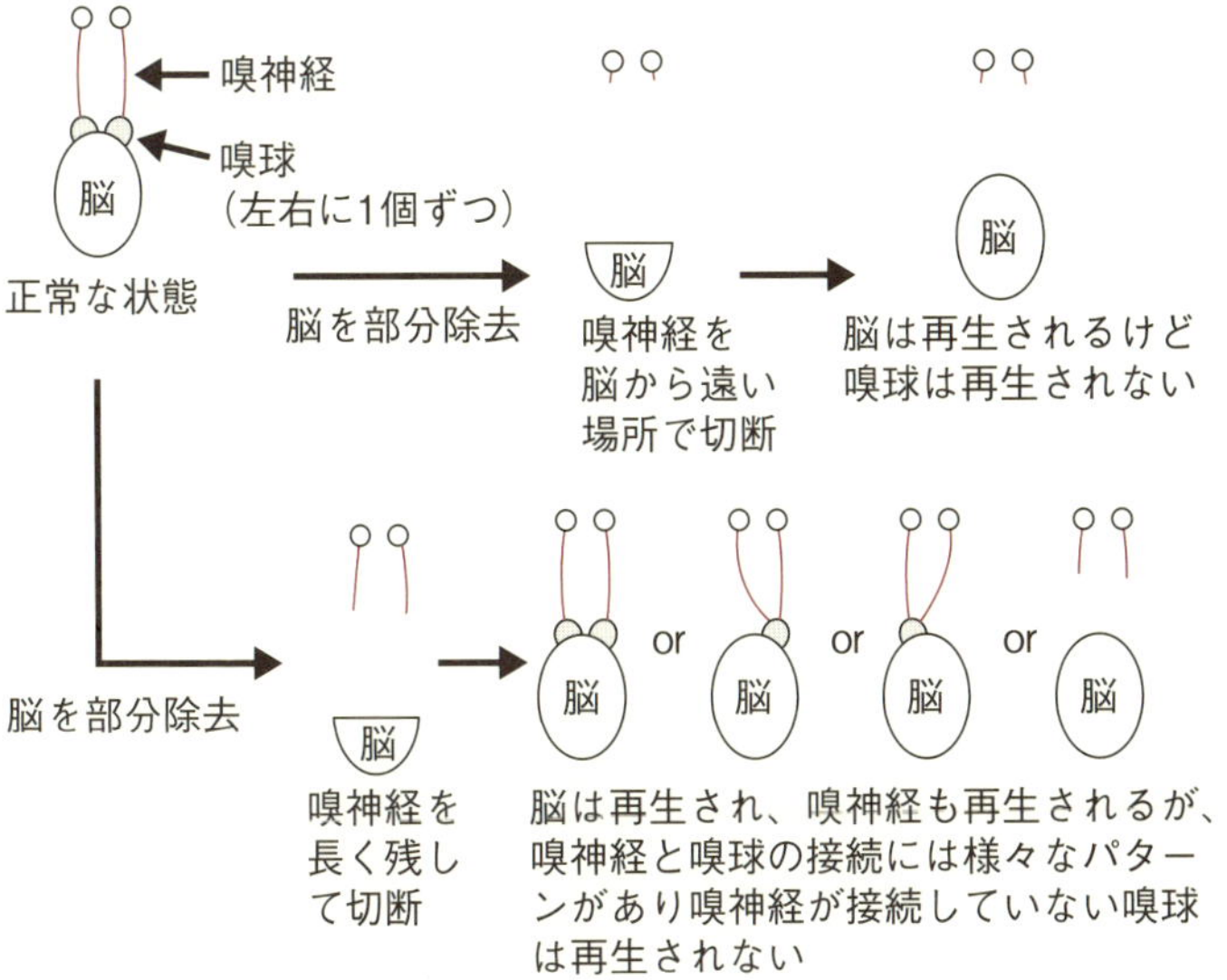

図2-19
大脳一部切除後の嗅神経と嗅球の再生

れますが、嗅神経と脳との接続が復元するかどうか、あるいはどのように復元するかは、運次第の部分があります。嗅神経をほとんど除去するような切除を行うと嗅神経が脳と接続できず、嗅球自体が再生されません。また、2本ある嗅神経は、正常なら ば左右の嗅球に1本ずつ接続しますが、嗅神経が偏って再生されると接続した箇所にしか嗅球が再生されず、片側1つになってしまうこともあります（図2-19）。このように、脳の再生には末梢からの神経系の接続があり、情報が入ってくることが、その情報を受け取る脳機能を再生する引き金となる大脳の領域もあるようです。

オタマジャクシとカエルの脳はどこが違うのか

脳機能の再生を確認するために、オタマジャクシの時代に脳を摘出した経歴を持つカエルと、何事もなく正常に成育したカエルの脳の観察が行われました。

顕微鏡で全体構造を観察したり、神経細胞を種類ごとに分別して比較をしたりしましたが、違いは見いだされませんでした。また、オタマジャクシ時代に脳を摘出したカエルにエサのにおいをかがせたところ、それに反応する行動を取ったため、再生された脳は神経の接続なども正常に行われていると考えてもよさそうでした。

オタマジャクシとカエルは、なぜ脳の再生能力に違いがあるのでしょうか？　この点について、脳細胞の移植を行うことにより、理由を明らかにしようとする研究が行われました。

まず、カエルの脳を摘出し、そこにオタマジャクシの脳を移植すると脳の再構築が確認されました。さらに、カエルの脳を摘出し、脳細胞を一個一個の細胞に分散させて、脳を摘出した別のカエルにバラバラの細胞を移植したところ、脳の再構築が起きることがわかりました。研究者らはこの現象について、オタマジャクシの脳は発展途上にあるので再構築しやすく、カエルの脳は完成した状態にあるので再構築しにくいと考えています。

ただ、空間や細胞同士の結合の強固さだけならば、アキレス腱や筋肉でも同様のはずなので、何かそのほかにオタマジャクシが持っていて、カエルが持っていない決定的なメカニズムや再生を誘発する因子があるはずですが、まだそのようなものは見つかっていません。オタマジャクシの脳の再生については、古くからさまざまな研究が行われていますので、カエルになることによって失われた何かを発見することができれば、人間の脳の疾患の新たな治療方法のヒントになる可能性があります。

2-10 失語症の回復メカニズムに見る脳の自然治癒

失語症とはどのような症状か

失語症は、脳の言語機能を担う領域である言語野の神経細胞が、脳梗塞などの脳血管障害や炎症などによって損傷し、話す、聞く、読む、書く、の言語に関する能力の少なくとも一部が失われる疾患です。4つの言語機能のうち、どの機能がどの程度失われるかは患者によってまちまちです。

流暢に話すことができるなど機能としては正常でも、話す内容は、単語の選択がおかしかったりオウム返ししかできなかったりといったことも起きます。ウェルニッケ野（図2-20）という領域が損傷して起きるウェルニッケ失語症では、流暢にしゃべっているようで、内容は意味不明で支離滅裂な言葉の羅列になります。失語症は脳の損傷が原因ということは共通ですが、**症状は千差万別です**。※

※人や物の名前が思い出せなかったり、名前をいうことができない障害を名称失語症といいます。名称失語症のなかには、まったく思い出せない場合のほか、名前はわかっているのにすっと口から出てこない場合も含まれます。「ほら、アレだよ、なんていったかな、アレ」というやつです。ドキッとする人はいませんか？

失語症の回復の2つの可能性

この失語症、不思議なことに回復する例がわずかながらあります。その詳細なメカニズムは解明されていませんが、2つの可能性があります。1つは失われた領域が担っていた機能を脳の別の領域が肩がわりするという可能性。もう1つは脳細胞が再生される可能性です。

大脳は左右の半球にわかれていて、両者は機能を分担し、両半球は脳の奥深くで非常に太い配線により結合され、情報のやりとりが行われています。

ほとんどの人で言語野は左半球にあります。失語症の回復においては、〝肩がわり〟としては左半球の損傷していない領域を使った代替領域の構築が、〝再生〟としては損傷した言語野の部分的

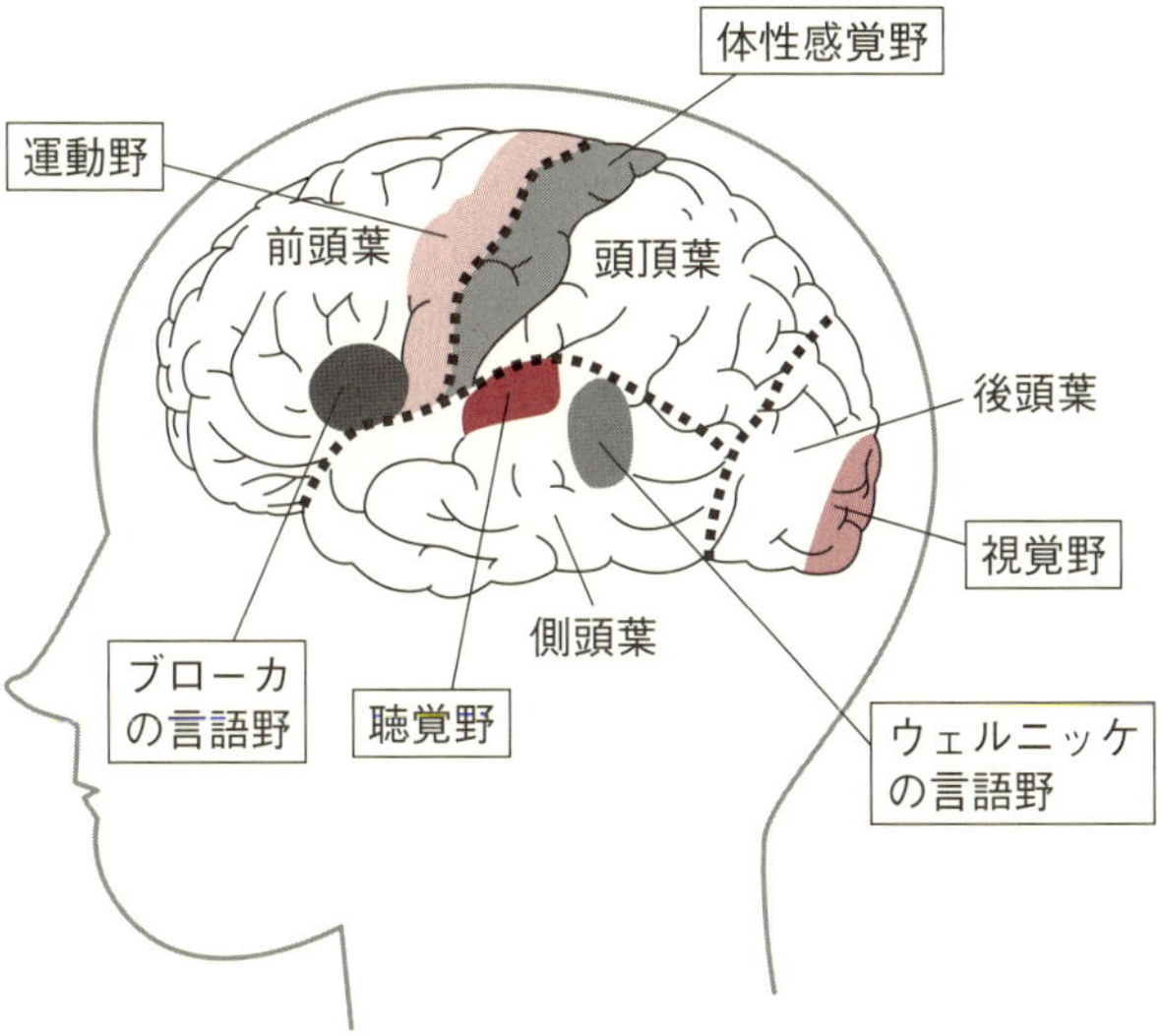

図2-20
人間の脳の部位と名称

機能回復・再構築が行われます。そのほか、右半球の対称部位の活性化も可能性として示唆されていて、これらが複合的に補い合って言語機能が回復しているものと考えられます。また、回復の時間経過にともなってこれらの代替機能が交代しながら機能していることを示唆するデータもあります。

大脳皮質に起きた脳梗塞などによって脳半球の高度な情報を司る神経細胞の機能が失われた後の、残り半球による機能の代替を研究した結果によると、神経のつなぎ方がまず最初に組み変わり、機能を代替するための新しい神経回路が形成され、その後に機能回復が行われ、それはあたかも、その準

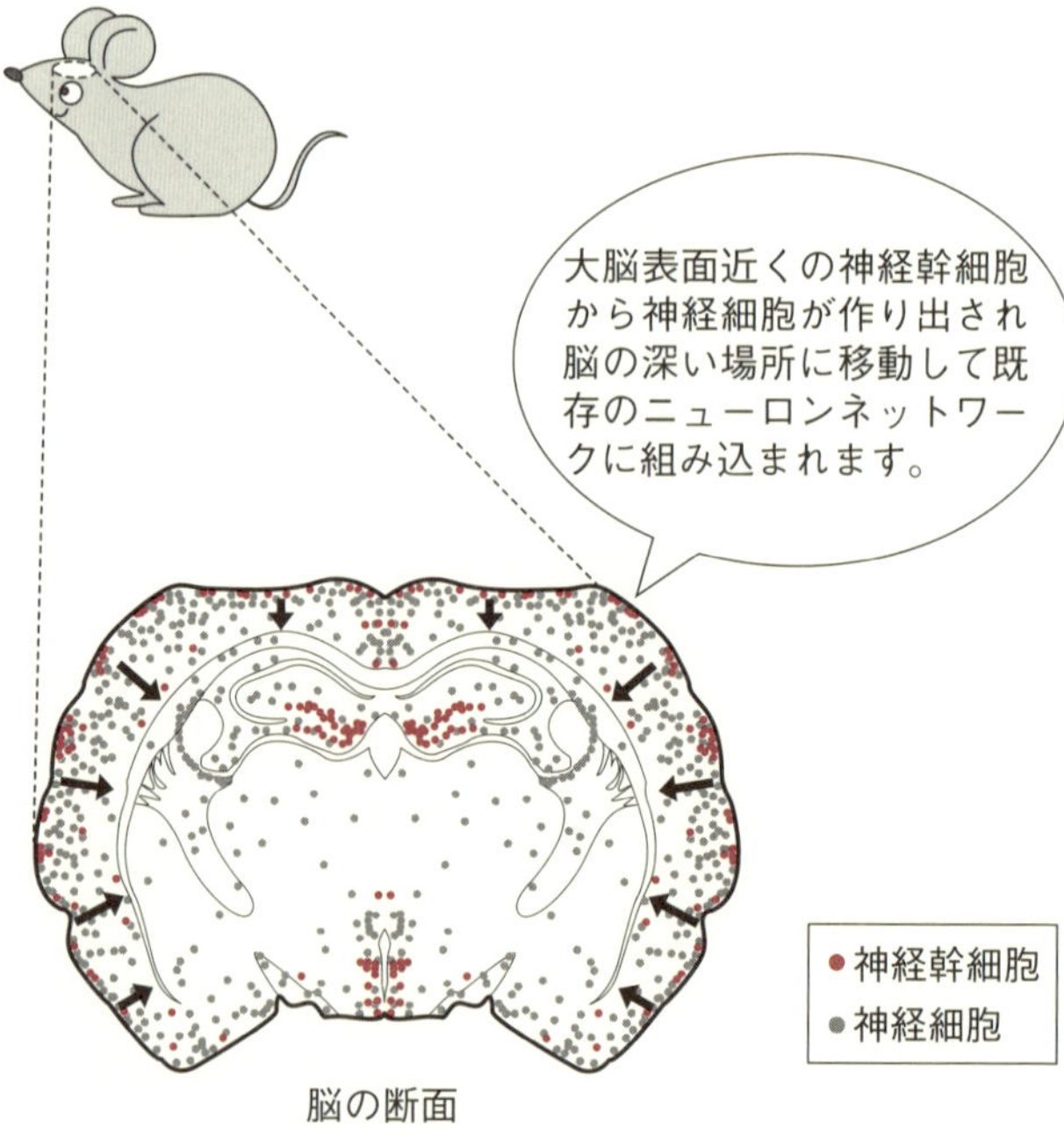
大脳表面近くの神経幹細胞から神経細胞が作り出され脳の深い場所に移動して既存のニューロンネットワークに組み込まれます。
神経幹細胞
神経細胞
脳の断面

図2-21
ラット大脳の神経幹細胞と神経細胞の移動

備をしていたかのように順序よく整然と行われることがわかっています[3]。

　また、この機能の代替は、リハビリなどのトレーニングで刺激を与え続けることによって、脳傷害後4週間にかけて次第に完成されることも明らかになりました。

　脳機能の既存細胞による代替だけではなく、高次の脳機能を司る大脳皮質における神経細胞の再生についても研究が進んでいます[4]。ラットの大脳皮質における神経細胞の誕生の様子を観察した結果、神経細胞を生み出す元になる神経前駆細胞が、ラットの大脳新皮質の表面に存在していることがわかっています（図2-21）。

　さらに脳を意図的に貧血状態にすると、神経前駆細胞はてんかんや過剰な神経活動を抑えることのできる抑制性神経細胞を盛んに作り出すこともわかりました。神経前駆細胞は大脳皮質の表面だけに存在し、ここで作られた神経細胞は数日をかけて大脳皮質のより深い場所に移動し、既存のニューロンネットワークに組み込まれることも確認されています。

2-11 ホメオスタシスの要、皮膚の再生

皮膚は全身の表面を覆って、外部環境と体内環境を隔て、ホメオスタシスの維持に重要な役目を担っています。人間1人の皮膚の面積は1・6㎡、皮膚の厚さは1・4～5㎜です。そして、なんと皮膚の重さは3㎏もあります。皮下組織まで加えるとその重さは9㎏です。

毎日作られる皮膚

皮膚は複数の種類の細胞が積み重なってできていますが、皮膚の細胞は新陳代謝が活発で、真皮と呼ばれる層の一番奥で次々と細胞が生み出され、自分の上に乗っている細胞をどんどん外へ押し出しながら、成長の階段を上っていきます。

細胞層の名前は下から基底層、有棘層、顆粒層、角層と名づけられていますが、つまり、もともとはどれも同じ細胞で、成長の段階で名前が変わる**出世細胞**※というわけです。

※私の造語です。ググっても1件もヒットしません。いつか、南山堂医学大辞典に収載される日を夢見ています。

層が変わると性質も変わる

変化するのは名前だけではなく、遺伝子の活性化の違いにともなって細胞の性質も変化し、それが皮膚の階層性を生み出しています。

最表面の角層が、私たちの目に見える皮膚細胞で、細胞はここではすでに死んでいます。核が消失した角化といわれる状態になって、物理的に強固で損傷を受けても痛みを感じない組織になっています。皮膚細胞が誕生し、徐々に上昇し、最も外側の細胞になって脱落するまで、要する期間はおよそ40日です（図2-22）。

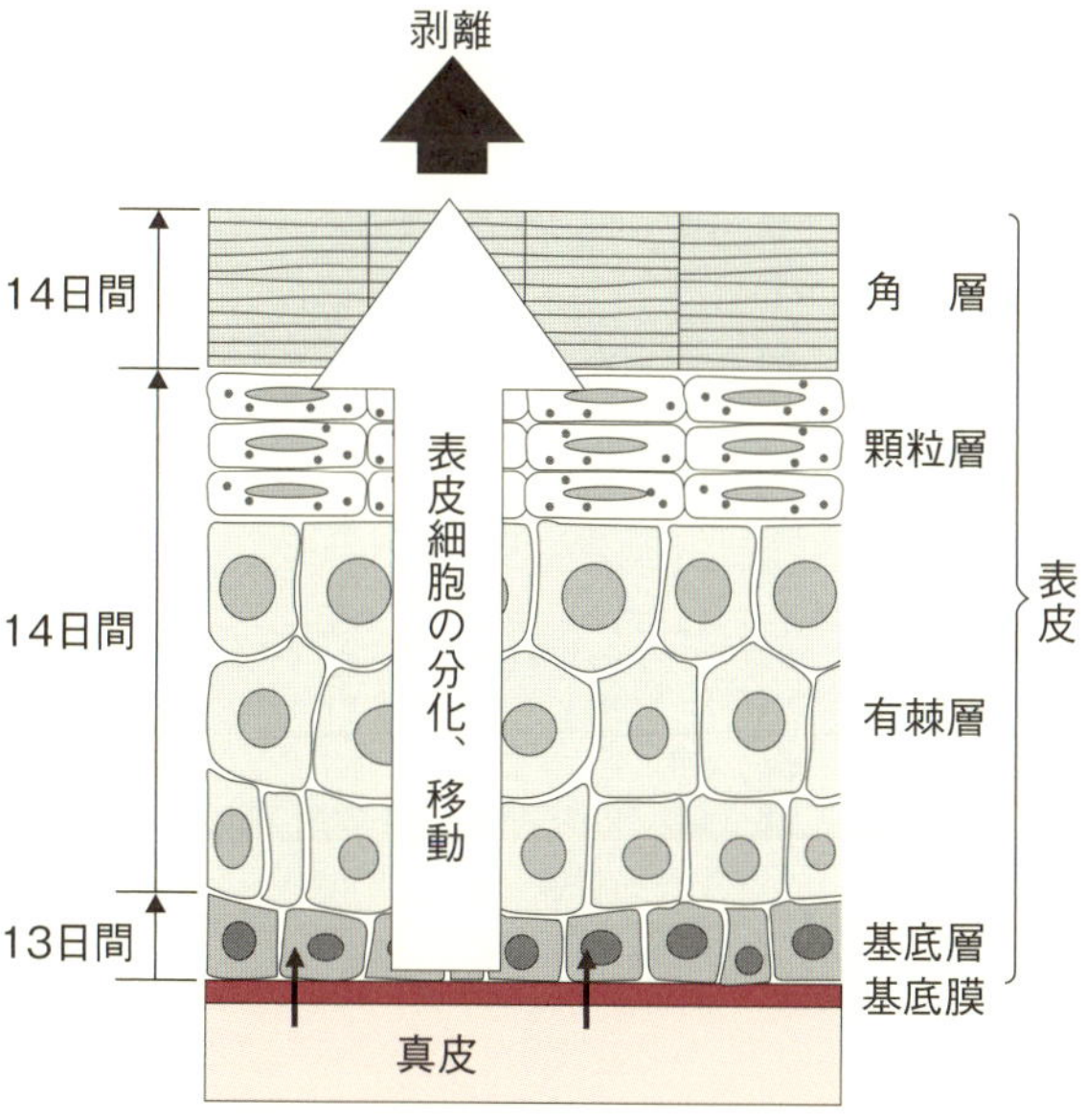

図2-22
皮膚を構成する細胞（出世細胞群）

2-12 切り傷や擦り傷はどうして治る?

細胞の数や働きを調整する増殖因子

創傷治癒、つまり日常的な切り傷、擦り傷の治癒ですが、これは最も身近な自然治癒の例です。

ケガをしたときの出血は、すでに紹介したとおり、血小板の凝集と血栓形成によって止血が行われ、死んだ細胞や傷口から侵入した細菌などに対処するために免疫系の細胞が動員されます。続いて血小板が凝集する過程で、血小板の持つＰＤＧＦ※と呼ばれる増殖因子が放出されます。ＰＤＧＦの刺激によって線維芽細胞が増殖し、損傷部位の構造的な修復が開始されます。このとき、新たに形成される組織に酸素や栄養分を供給するための血管新生（p.63）や、破壊された外部とのバリアを再構築するため、表皮の角化も再スタートします。ほぼ修復が終わった段階で、役目を終えた線維芽細胞がアポトーシス（細胞自殺）で消失し、血小板から分泌されたＴＧＦ※※-βによって、コラーゲンなどの細胞以外の構成成分が充実し、傷の治療は終了します。

※PDGF：Platelet Derived Growth Factorの頭文字。血小板由来成長因子のことです。

※※TGF：Transforming Growth Factorの頭文字。形質転換成長因子のことです。

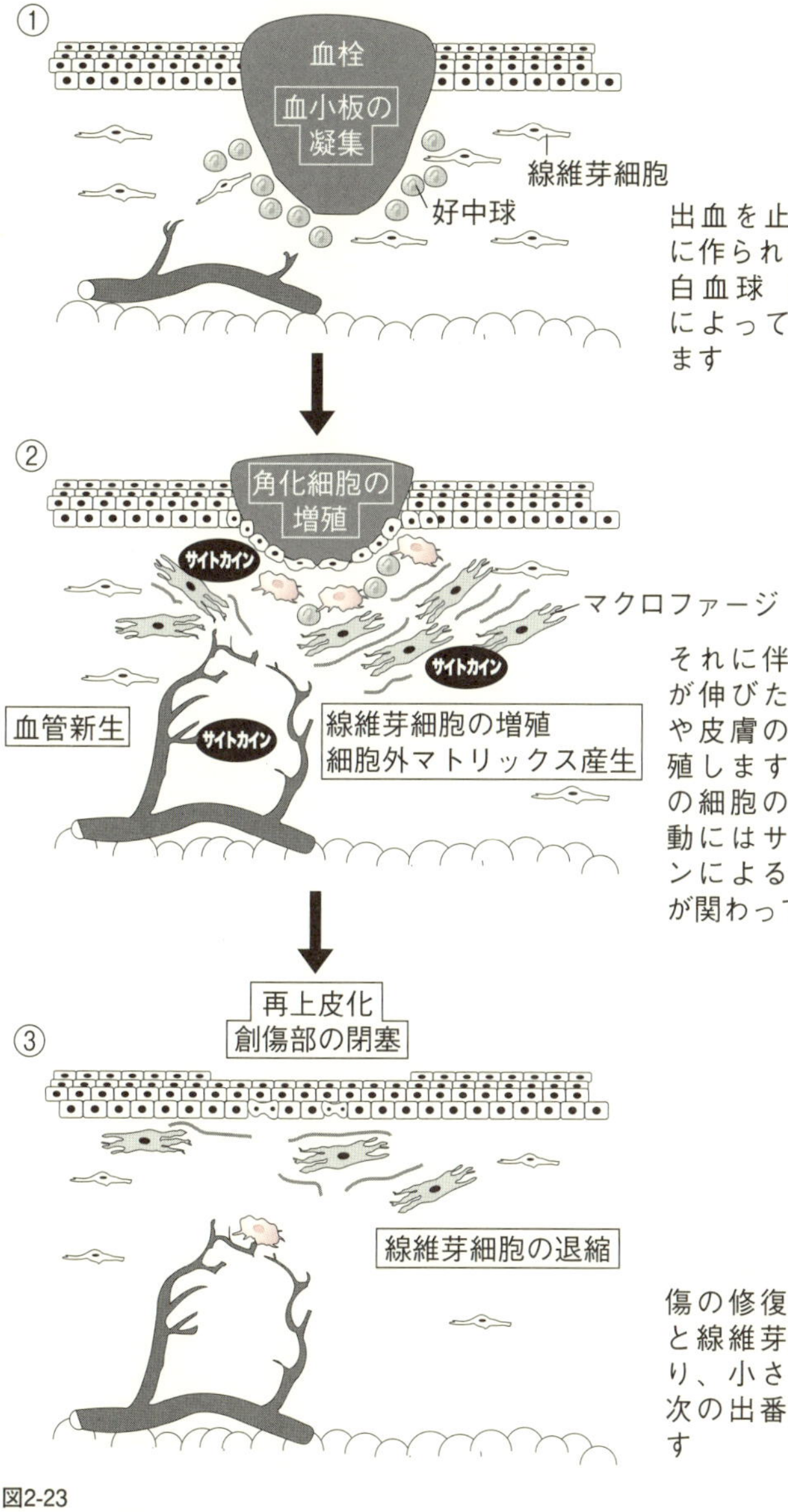

出血を止めるために作られた血栓は、白血球（好中球）によって分解されます

それに伴って血管が伸びたり、筋肉や皮膚の細胞が増殖します。これらの細胞の増殖や移動にはサイトカインによる促進作用が関わっています

傷の修復が終わると線維芽細胞は減り、小さくなって次の出番を待ちます

図2-23
傷口が治療される様子

ここで登場したPDGFやTGF-βなどの増殖因子は、再生に必要な細胞を必要なタイミングで必要な分量だけ機能させたり増殖させたりする重要な役目を担っています。傷口の修復過程では、知られているだけで10種類程度の増殖因子が入れ替わり立ち替わり作用し、多種多様な細胞の機能を調整して、プランどおりに傷口の修復を行います（図2-23）。

増殖因子が暴走すると

ところが、組織に対する障害が慢性的に持続してしまうと、TGF-βなどが過剰に作用し、本来、ちょうどよいところで停止しなければならないはずの線維芽細胞の増殖が暴走し、その結果、細胞間に適量存在していなければならないコラーゲンなどの**細胞外マトリックス**※が蓄積してしまうことがあります。

このような病的な状態を「線維化」といいます。臓器が線維化するということは、本来柔軟でなめらかに機能しなければならないはずの臓器が、コラーゲンなどによってがちがちに固められてしまうことを意味しており、重篤な機能不全に陥ることになります。肝硬変や肺線維症などの命に関わる臓器の不全は、このようにして発症します。臓器の線維化は末期の症状で回復は難しいため、臓器移植や人工透析など患者に

※生物の体を構成する細胞以外の繊維などの固体物質を総称して「細胞外マトリックス」といいます。血小板凝集の項で紹介したフィブリノゲンも細胞外マトリックスです。また、骨や歯などの硬組織も細胞外マトリックスに含まれます。細胞外マトリックスは、さまざまな種類の細胞から分泌され、細胞と細胞の隙間の充填剤として機能し、臓器の立体的な構造を保持することが主な役目です。

多大な負担を要求したりする治療方法に頼らざるを得なくなります。

しかし、日常的な傷は感染症さえ気をつければ生命に関わることはありませんし、子どもたちなどは感染症にさえ気を遣うことはなく、ケガをしてもまったく元気です。ですので、傷口の自然治癒についてさほど深く考えることは、日常生活ではほとんどないでしょう。

使っちゃダメ？ 消毒スプレー

ところで、切り傷を負ったときに皆さんはどうしていますか？ 数十年前は傷の治療に対する一般の人の知識が不十分だったため、傷口に直接軟膏などを塗って整形外科医を困らせた人も多かったようですが、最近、傷の手当てについて学会でちょっとした話題になっているのは、一般の人がケガの後に行う自家対処の問題点です。

この本を読んでいるあなた。あなたがもしお母さんだとして、子どもさんがケガをしたときにガーゼに消毒スプレーを吹きかけて当てていませんか？ もしくは、子どものときにそのようにしてもらった記憶のある人はいませんか？ 多くの人に信じられ、実行されていた、傷口を消毒しガーゼを当てるという、どう考えても矛盾のない行為は、今では大きな間違いであるとする考え方が主流です。そのような対処は傷口が自然に元に戻ろうとする治癒能力に対して何の役にも立たないだけでなく、むしろ自然治癒を妨害する行為だったのです。

では、現在最も望ましいとする対処法はどのようなものかといえば、まず、傷口に付着した異物や細胞の残骸を洗い流して清浄にし、その後は適度に湿度を保って自然治癒に任せるのが正しいとされています。

つまり強いて何か行うなら、きれいな水で十分に洗い、雑菌が入って感染症にならないように、ガーゼの代わりに創傷被覆材を貼るのがよいとされています。ガーゼを当てると傷が乾燥してしまうので、それが傷の治りを遅くしてしまうようなのです。

ケガを負ったばかりの傷口はジクジクしていて、それが完治すると乾いた状態になります。みんなそれを知っているので、人間の心理として水分を吸収し、通気性のよいガーゼを当てて早く乾かしてやろうと思うのでしょう。しかし、傷口が乾いて治癒するまでには、私たちの見えないところでさまざまな生命反応が連鎖的に発生し、その結果として傷口が乾くのです。そういう、途中の重要なプロセスを一切省略して「傷口が乾けばいいのだろう」と強引に乾燥させてしまうことがよくないのです。

体の表面の真皮と呼ばれる浅い部分だけが傷を負っているような軽傷の場合、周辺の健常皮膚から表皮細胞がやってくることによって傷ついた皮膚が修復されます。細胞はからからに乾いた場所は苦手で、そのような環境にさらされるとやがて死んでしまいます。したがって、傷口を乾かすということは表皮細胞が傷口に移動してくることを妨害することになりますし、傷の断面部分の細胞は乾いて死んでしまうために傷口は治りません。

深いところまでざっくりとケガしてしまった場合は、皮膚の切断面を肉芽組織が覆い、次に周辺の皮膚から肉芽組織の表面に表皮細胞がやってきて傷口をふさぐ作業が始まります。この場合も、肉芽表面を乾燥させると表皮細胞の身動きがとれなくなり、傷は治療できません。

ジクジクが正常

傷口は細胞が損傷して抵抗力が低下している状態ですので、通常では何ら影響のない程度の細菌の種類や量であっても、それが傷口に付着した場合には容易に悪化してしまいます。また、傷の発生だけでなく、さまざまな異物が付着することによって、よりいっそう抵抗力を失わせます。傷口はハルマゲドン状態にあるのです。そんな傷口では「待っていました」とばかりに侵入してくる細菌と白血球が戦い、損傷した皮膚細胞の修復を促すために、さまざまな物質が分泌される一連のプロセスが実行されています。傷口でこれらの細胞が正常に機能しているからこそ、傷口がジクジクしてるのです。このジクジクに含まれる成分が周辺の細胞に働きかけることによって、表皮細胞の行動が支持され傷の治癒につながります。傷口に消毒液を吹きかけ、ガーゼで乾かすという行為は、傷口に残留した細胞の残骸や異物の除去もせず、病原菌などの侵入を防ぎつつ、傷の治療をしようとしている血小板や免疫系の細胞を毒殺しているのと同じことになります（図2-24）。ですので、少々の傷であれば洗って放置しておくだけで十分、というか、むしろそれが望ましいといえます。

傷口を覆う材料はよいものが次々に開発され、整形外科ではそれらを使用した処置を受けることができます。たとえば、強力な止血効果のあるアルギン酸カルシウム塩を使った被覆材や、異なる材質を何層も貼り合わせ、それぞれの層が外部から傷口を保護したり、湿潤環境を提供したりする機能性創傷被覆材などがあり、市販品も出回り始めています。

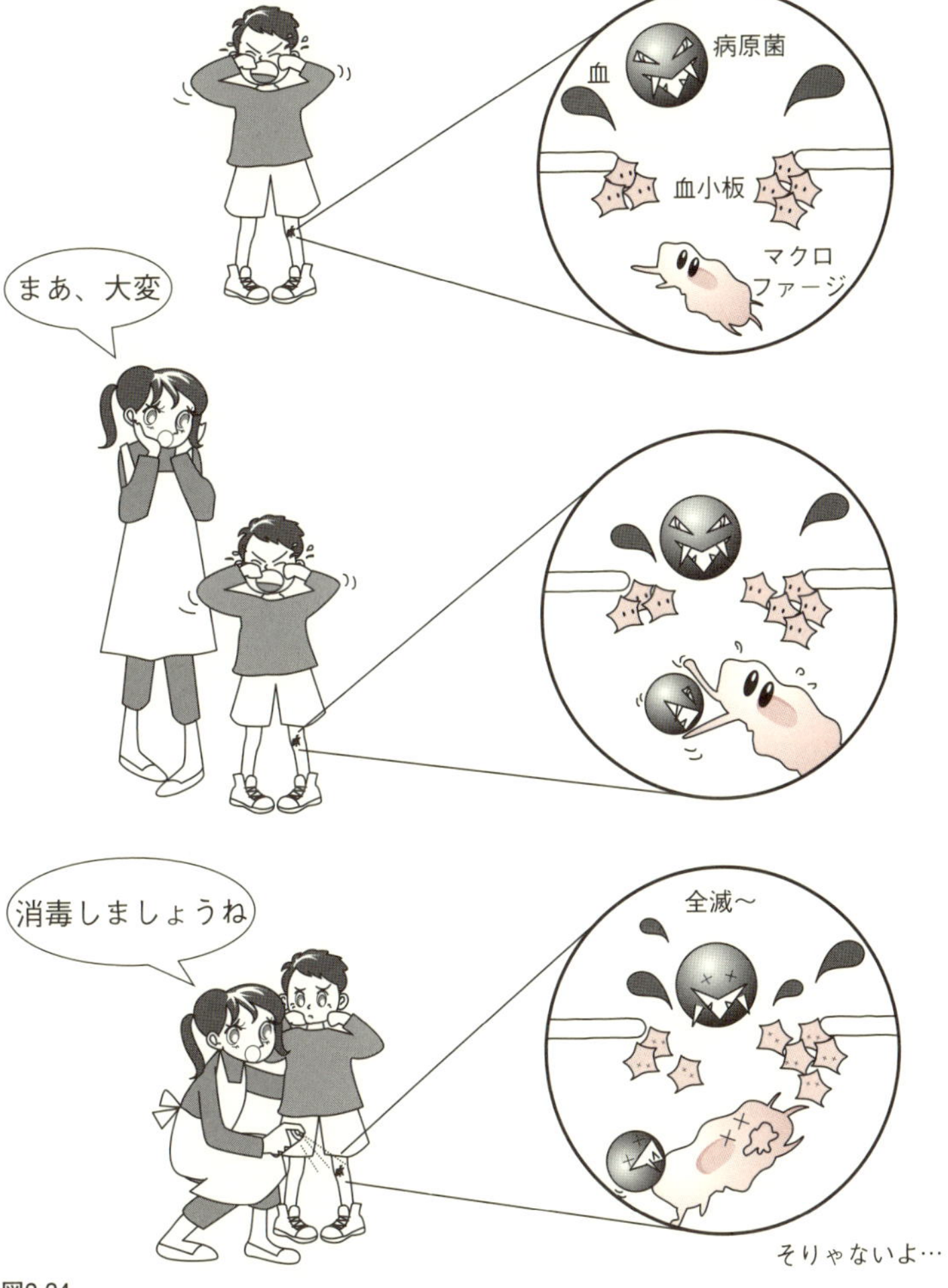

図2-24
傷口を過剰に消毒すると……

2-13 切っても切っても元どおり ——肝再生

肝臓は人体の毒を濾し取るフィルター

肝臓は成人で重さが1・0〜1・5kgもある大きな臓器です。最も重要な役目は血液を流れるさまざまな成分の分解で、栄養分を細胞が使いやすい形に変換したり、グリコーゲン※として蓄えたりするほか、有害物質の分解除去も行います。食品に含まれて摂取された有害物質は、全身を巡る前に肝臓を通過します。肝臓はそれらを着実に破壊しなければならない責任を負っています。つまり、毒物などに真っ先にさらされる環境にあるため、ダメージを受けやすい臓器でもあります。その点もあって肝臓細胞の増殖力は旺盛です。

生体肝移植ができるわけ

肝臓の疾患を治療するに当たって、非常に有効な方法の1つに生体肝移植があります。肝臓を外科的に取り扱うことによって治療することができるのも、肝臓が非常に

※数千〜数万個のブドウ糖が枝分かれしながら結合した物質。植物のデンプンに相当し、ブドウ糖を細胞内に蓄える役目を果たしています。生産臓器である肝臓に多いほか、活動のために大量のエネルギーを必要とする筋肉にも多く存在します。

強力な再生能力を持っているからです。

肝臓は切除しても瞬く間に回復します。ラットを使った実験では、70％の肝臓を削除してもわずか7〜10日で元どおりの重量に回復しました。また、生体肝移植が行われた場合も、患者の肝臓重量は1ヶ月程度で健常人と同等に回復すると見積もられています。

多くの臓器の回復が幹細胞の分化能力によって支えられているのに対し、肝臓は肝幹細胞はあるものの、すでに肝臓細胞に分化している細胞（肝実質細胞）がさらに増殖することによって支えられている点が特徴です。

肝細胞増殖因子が再生を促す

このような肝実質細胞の増殖を指令するのが肝細胞増殖因子（HGF※）です。HGFは胎児期に肝臓が形成される際にも、幹細胞を増やす因子として機能しています。HGFの遺伝子を人為的に破壊したマウスでは、損傷した肝臓組織は細胞が再生されることなく次々に死滅することがわかっています。

また、肝炎や肝臓部分切除など、肝臓に著しい負担がかかっているときもHGFを作る遺伝子が活性化し、血液中のHGF濃度が上昇します。HGFは肝臓内の血管内

※HGF：Hepatocyte Growth Factorの頭文字です。

皮細胞やマクロファージによって生産され、それらのすぐ近くに存在している肝実質細胞に作用しています。

このような細胞刺激の仕組みを「パラクリン」といいます。これは古くから知られているもので、ホルモンなどによる刺激伝達が特定のホルモン生産臓器から血液の流れを介して離れた場所の臓器に運ばれ、そこで作用する、つまり、刺激物質を作る場所と刺激物質を使う場所が遠く離れている刺激伝達を指す言葉です（図2-25）。

参考までに、ある細胞が生産した刺激物質を自分で受け取って自分が活性化される仕組みを「オートクリン」といいます。

ＨＧＦを受け取る構造の遺伝子に異常があるマウスでは、肝損傷後の再生が行われなかったり、肝臓の細胞死が進行することがわかり、ＨＧＦは肝細胞の再生だけでなく、健康な肝臓の維持にも大きく関わっているらしいことがわかってきています。

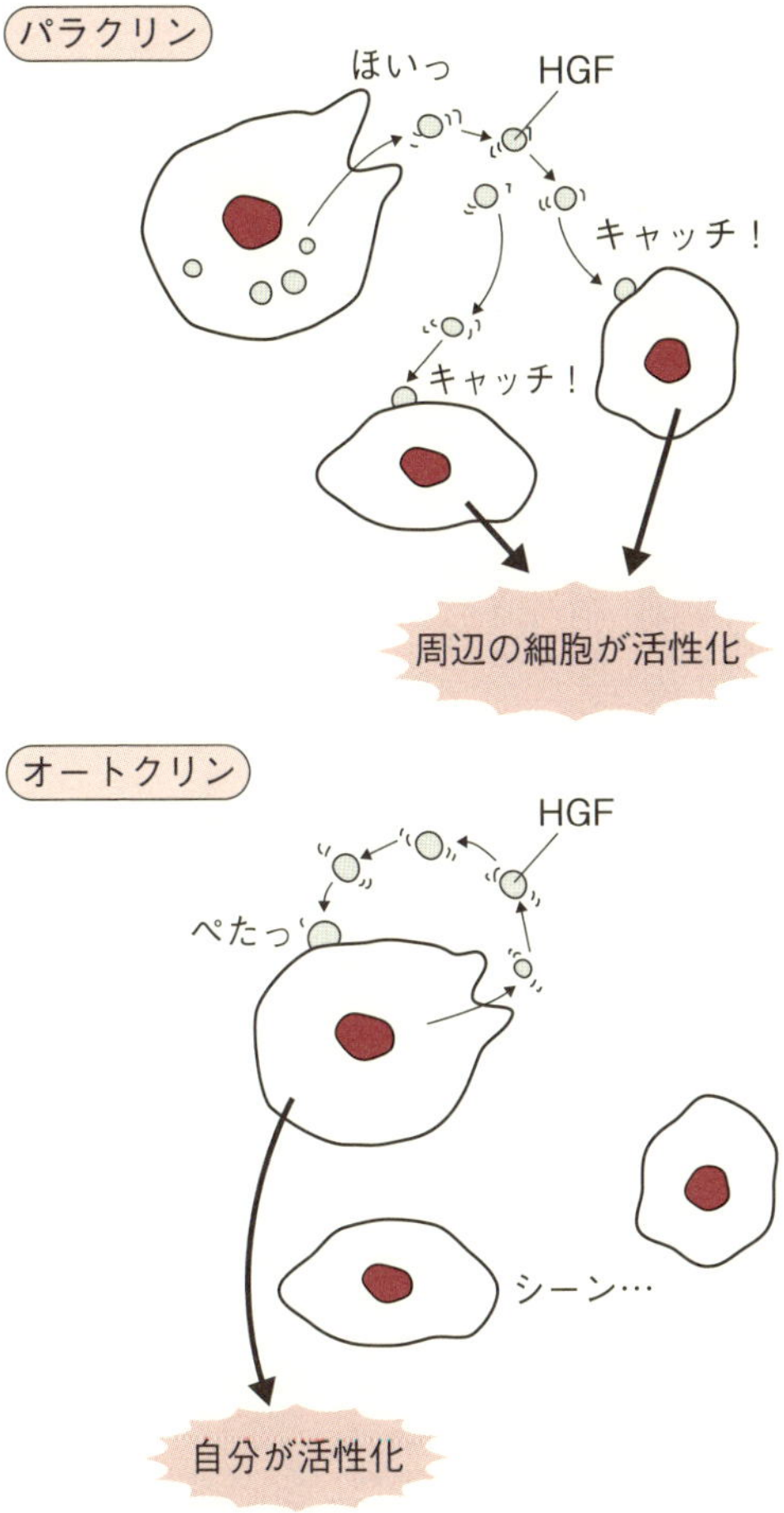

図2-25
パラクリンとオートクリン

2-14

小腸は日々再生している！

食べたものは食道を通って胃に入り、小腸・大腸を通って排泄されます。小腸は胃と大腸の間にあり、長さが6〜7mもあります。ゴムホースのような管状で、胃に近いほうから25cm程度が十二指腸、残りの5分の2が空腸、5分の3が回腸と名づけられています。身長の4倍もの長さがある臓器ですので、おなかのなかの空洞に細かく折りたたまれて入っていますが、周囲には割りとゆとりがあり、また小腸自身に筋肉もあるので、食べ物を消化しているときは脈打つようにグニョグニョ動いています。

折りたたまれた腸管同士は、腸間膜という半透明の比較的強度のある膜によって緩く結合されています。管の内側は粘膜層になっています。粘膜層の表面は粘膜層単層円柱上皮という細胞で埋め尽くされ、その細胞は内側に向いた一面が微絨毛（びじゅうもう）と呼ばれる非常に小さな毛のような構造に変化しています。絨毛と絨毛の隙間にはリーベルキューン腺という液体を分泌する穴があり、腸液を分泌しています。この腸液で消化の最終段階を行い、栄養素の吸収を行います。

消化器官は傷つきやすいのです

胃や小腸などの内側にある消化管粘膜の細胞は非常に活発に増殖しています。これらの細胞は皮膚の細胞と同じように、成長の段階に応じて居場所を変えます。というのも、消化管粘膜は柔らかい上、さまざまな食べ物や異物にさらされつつ、それらの分解・吸収を行うため、非常にダメージを受けやすい細胞たちだからです。そのような過酷な環境でも消化吸収の機能を維持するために、小腸周辺の細胞は総力を結集して損傷した細胞は処分し、新しい細胞を最前線に送り出し、次の細胞の準備をしています（図2–26）。

小腸細胞の増殖は、増殖因子や、発熱の仕組みのところでも登場した、細胞と細胞の相互作用を起こす物質であるサイトカインによってコントロールされています。

増殖因子は、細胞の増殖を活性化する物質の総称です。ただし、私たちが野菜や肉を食べると、それによって細胞が増えて私たちは成長できますが、このような栄養分は増殖因子とはいいません。増殖因子は周りの環境に応じて周辺の細胞に増えろと命令したり、ちょっと待てと指示したり、場合によっては将来どんな細胞に成長しようかと悩んでいる細胞に指令を出したりします。

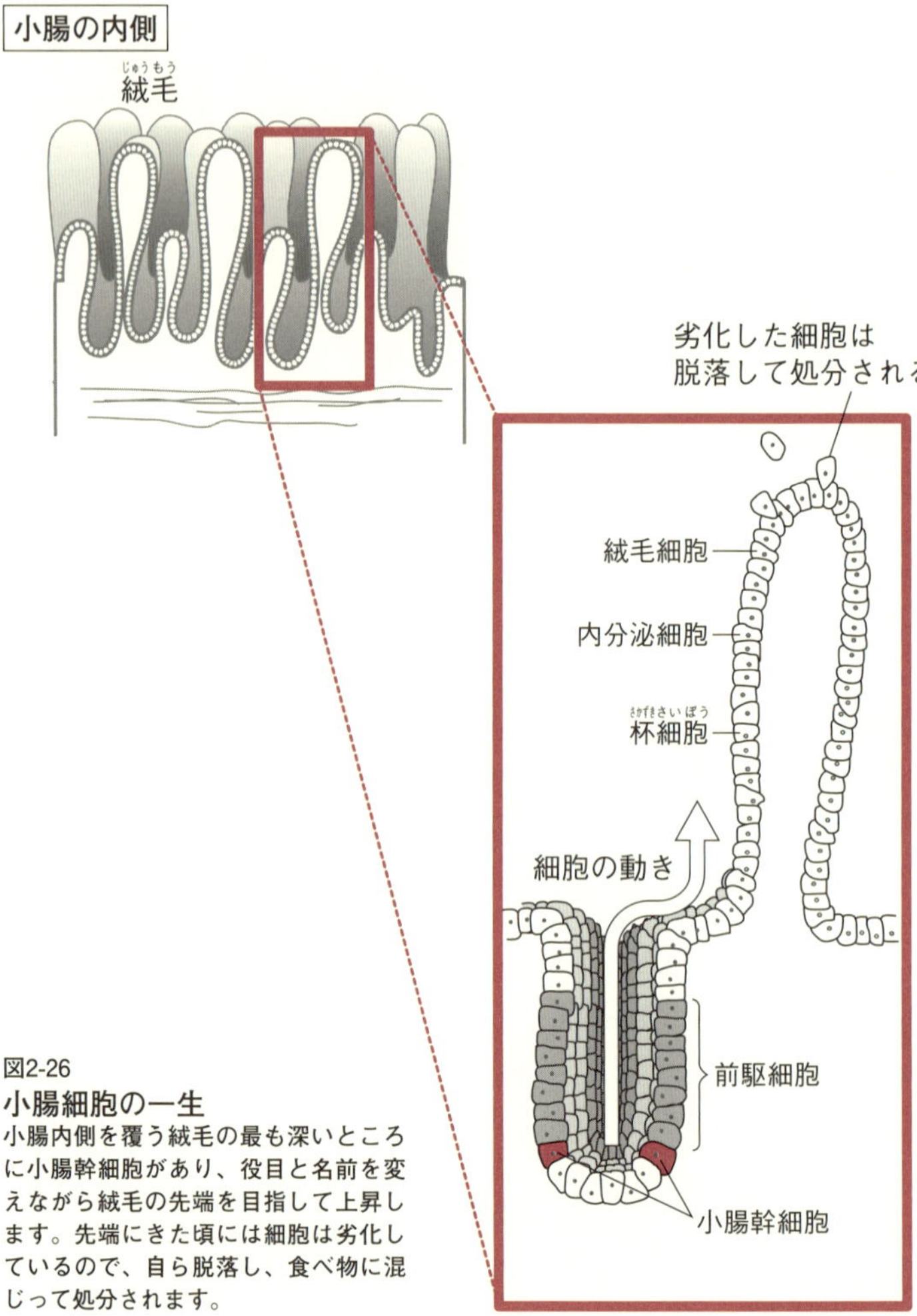

図2-26
小腸細胞の一生
小腸内側を覆う絨毛の最も深いところに小腸幹細胞があり、役目と名前を変えながら絨毛の先端を目指して上昇します。先端にきた頃には細胞は劣化しているので、自ら脱落し、食べ物に混じって処分されます。

このように、非常に重要な役目を担う増殖因子ですが、細胞を増殖させるという能力が強力であるために、遺伝子の異常などで誤った目的に使用され、ガン細胞の増殖を手助けしてしまうことがあります。そのほかにも、細胞が増殖することが原因となる動脈硬化症、肺線維症などの病気にも増殖因子が関わっているというデータもあります。

一方、サイトカインは免疫系細胞や造血系細胞などさまざまな細胞で作り出され、体内に放出されることによって、周辺の細胞に働きかけるタンパク質です。これらのタンパク質には細胞の成長を促したり、増殖の方向性を定めたりといった先述の増殖因子と機能が重複するものもたくさんあります。

このように消化管は、もともと組織が傷つくことを想定して、活発な新陳代謝を基本とする修復機能を準備しています。何かとんでもないものを飲食したり、飲んだ薬の作用などで小腸の粘膜がただれるような損傷を受けた場合、上皮細胞が移動してきて修復を行います。小腸にできた穴が貫通してしまうような傷の深い潰瘍の場合は、新陳代謝ではカバーできませんので、皮膚が大きく傷ついたときと同様に、血管新生をともなって上皮細胞の急速な増殖が行われます。傷の度合いによって、巧みに修復メカニズムを使い分けているのです。

自分を溶かす胃酸をガード

胃は消化液として塩酸を分泌しています（図2−27）。胃液と同じ濃さの塩酸が皮膚に付着した場合はピリピリと刺すような痛みを感じます。研究者がもし誤って塩酸を皮膚につけてしまったら、たまらず水で洗い流すでしょう。仮にそのまま放置しておくと、塩酸は肉体を構成するタンパク質を白く濁らせ、機能を失わせます。つまり塩酸にさらされた細胞は死んでしまうのです。

そんなに強い塩酸にさらされても、胃が平気でいられるのは、巧みなバリア構造が準備されているからです。何らかの原因でこのバリアが崩れると、胃は自分が分泌した塩酸で自分を壊してしまうことになります。これが

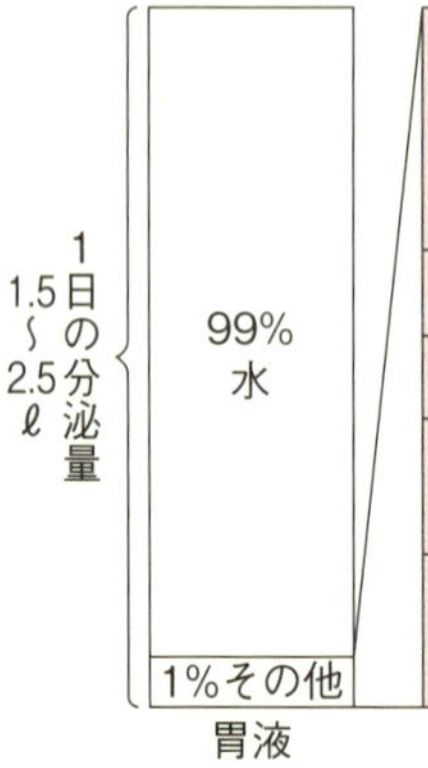

塩酸	pHを1〜2.5に調節 ペプシンが作用しやすい環境に調整 細胞刺激 殺菌
ペプシン	タンパク質を分解
カテプシン	タンパク質を分解
リパーゼ	タンパク質を分解 ただし、酸性条件下では機能しない
粘液	胃粘膜の潤滑液 塩酸やペプシンから胃を保護

図2-27
胃液の特徴

胃潰瘍です。

バリアを壊す原因の主なものは、ヘリコバクター・ピロリの感染、ある種の医薬品、プロスタグランジン（図2-28）などの生体防御因子の機能低下などがあげられます。

胃は、大量の食べ物を飲み込んでも簡単に破れてしまわないように、細胞周辺がコラーゲンなどの細胞間物質で補強されています。コラーゲンは胃酸では破壊されませんが、胃潰瘍になるとコラーゲンを分解してしまう特殊な酵素が潰瘍部分の細胞で作り出され、胃は大きなダメージを受けます。

引き際が肝心な増殖因子

胃の修復力がどの程度かを確認するために、実験動物にわざとダメージを与え、その後の修復を観察した研究があります。それによると、損傷後、驚くほど短い時間で修復が着手されることがわかりました。ラットの場合、胃の損

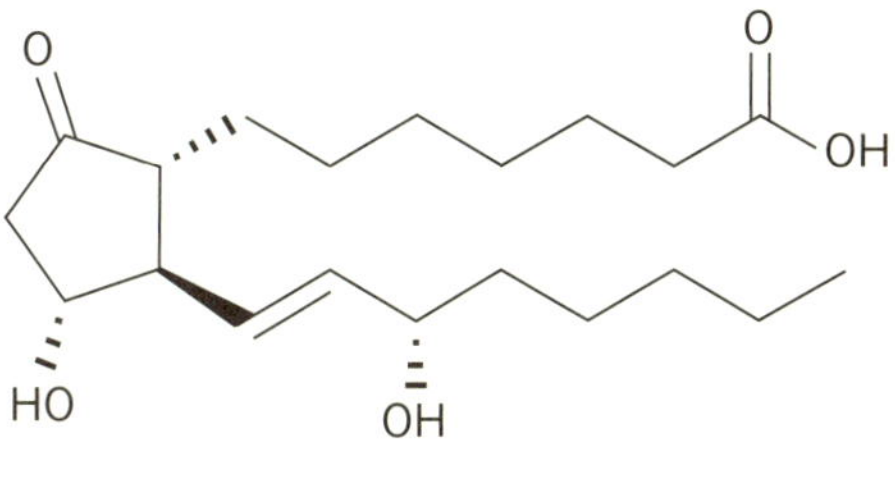

図2-28
プロスタグランジンの一種PGE1

傷後わずか30分で消化管粘膜の恒常性維持や傷害修復過程に**重要な役割を果たしているタンパク質**※の遺伝子が活動を始めます。その後、1日以上経過して増殖因子が活動を開始し、細胞に「血管を伸ばせ」「細胞増殖せよ」「上皮細胞になれ」と指令が出されます。胃の修復に関与する増殖因子は数種類あり、それぞれが役割分担をして自分の部下ともいえる細胞に指令を出し続けます。増殖因子から指令を受けた細胞はその通りに行動するとともに、線維芽細胞は線維を生産し、骨格ともいえる強靱な構造体も併せて再構築を行います。この再構築の程度も増殖因子によってコントロールされています。

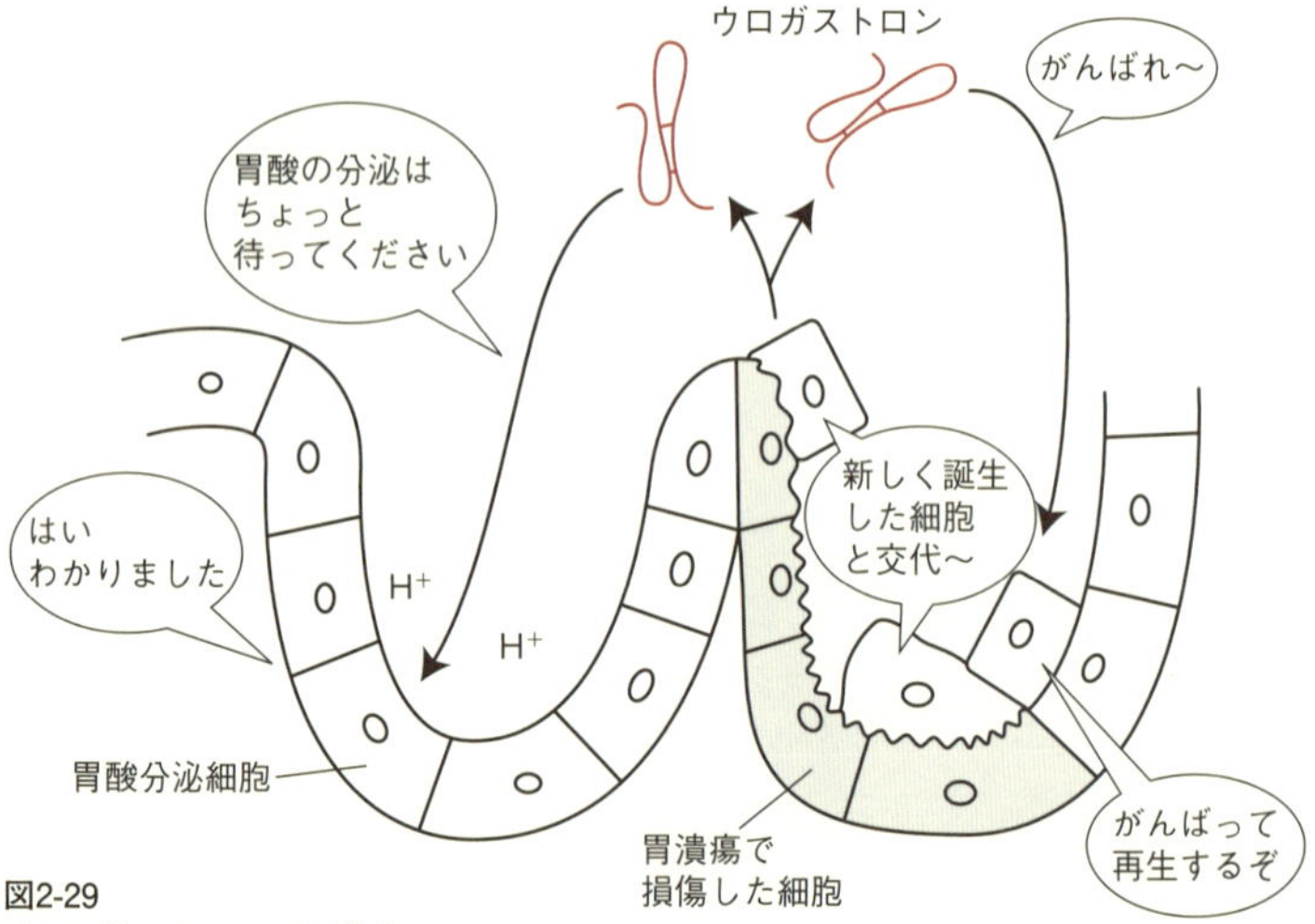

図2-29
ウロガストロンの働き

※Trefoil factor family のことです。実際にはタンパク質ではなくてもっと分子量の小さいペプチドですが、本文ではわかりやすくタンパク質としました。

損傷部位が修復されると増殖因子は用無しになります。すると、「自分の役目をしっかりと認識していますよ」といわんばかりにタイミングよく増殖因子は消えてしまいます。この仕組み、つまり細胞を増殖させる仕組みに異常が発生すると、胃潰瘍が治っても胃ガンに進展する可能性も出てきますので、増殖因子は引き際をよく知っているのです。

胃潰瘍の修復時にもっと活躍しているのは、通称「EGF※」と呼ばれる表皮細胞成長因子です。⑤ EGFは潰瘍の周辺で新たに生まれた細胞が生産・分泌し、周辺の細胞を活性化しますし、EGFのなかでも特に「ウロガストロン」という因子は・胃酸分泌を抑制する作用も持っています（図2-29）。

※EGF：Epidermal Growth Factorの頭文字で、アミノ酸53個、分子量約6,000のペプチドのことです。

2-15 入れ歯のなくなる日は来るか？

歯が生え替わる動物といえばサメがよく知られています。生え替わりではありませんが、哺乳類のなかでもマウスの切歯（せっし）は生涯伸び続けます。歯茎（はぐき）の奥深くのエナメル質の根もとにはエナメル上皮幹細胞があって、さほど活発ではありませんが、細胞分裂を続けています。2個に分裂したエナメル上皮幹細胞のうち、1個はそのままそこに残ってエナメル上皮幹細胞の状態を維持しますが、残りの1個は分裂し、エナメル上皮細胞になって切歯をせっせと供給します。

人間の永久歯の根もとでも幹細胞が見つかっていますが、この幹細胞は歯をせっせと作ることはありません。しかし、能力としては骨芽細胞や脂肪細胞、神経細胞などに分化することが可能です。

歯は構造が単純で、特殊な機能を再現する必要もなく、また歯を再生する哺乳類は多いことから、再生医療のなかでも比較的容易に実現する臓器の1つではないかと考えられています。歯の再生治療について、まだ実際の患者に適用できる技術は開発されていませんが、豚から取り出した細胞を、歯の立体的な構造を形成するための人工的な足場の上で培養することによって、エナメル質や象牙質を正しく備えた歯の再生に成功した例があります[⑥]（図2−30）。

しかし、これだけでは歯の再生治療には用いることができません。培養系で観察された歯の形成を人間のあごの骨の上で行い、正しい歯になるよう成長させる技術を今後開発しなければなりません。

一方、マウスではすでに歯の再生医療に成功しています。マウスの奥歯を抜歯し、そこにマウスの胎児から採取した歯胚（しはい）という幹細胞を埋め込んだところ、神経が正常に接続して、痛みや圧力を感じられる、ものを噛むことのできる硬さの歯を、約50日で形成することに成功しています。

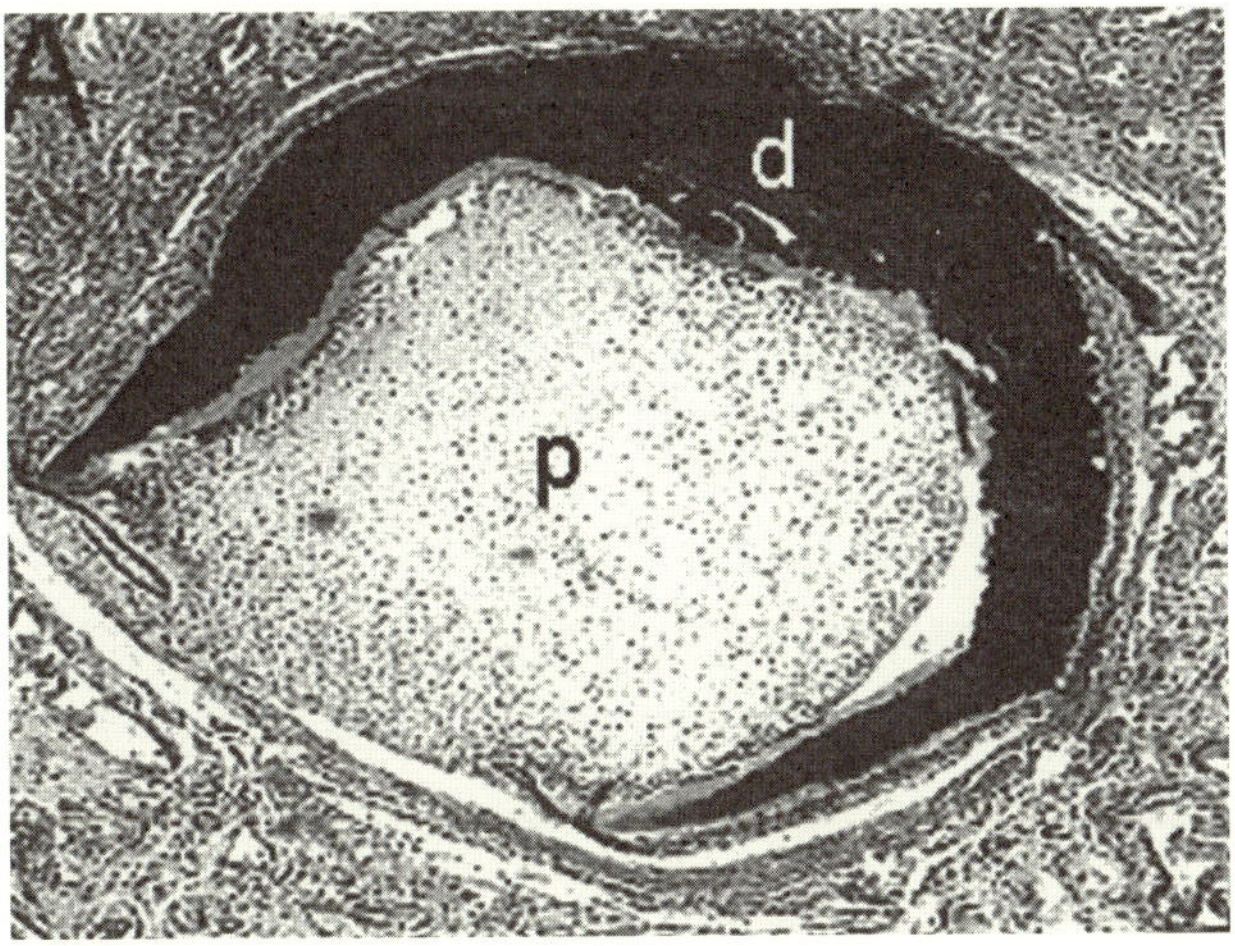

図2-30
培養で作り出された歯
(d) 象牙芽細胞と象牙質
(p) 歯髄（歯の象牙質に囲まれた軟組織）
［写真提供／Young C. S., *et al.*, (2002)］

COLUMN コラム de キーワード① トカゲのしっぽ

切れたしっぽは何を考える？

「かべちょろ」（p.2「はじめに」を読んでください）のしっぽ切りですが、今まで信頼していた主人に不意に切断され、敵の眼前に放置されたしっぽはジタバタしています。これは、敵の注意をしっぽに引きつけて、その間に主人が逃げるためとされています。人間でさえ逃げた本体よりも残って飛び跳ねているしっぽの方に興味を持ちますので、そのあたりは狙いどおりなのでしょう。

ある研究者が切れたしっぽの筋電図を取る実験を行いました。ヒョウモントカゲモドキというヤモリの一種のしっぽが、まだ本体にくっついているうちに電極を取りつけ、ヤモリの体を刺激してしっぽ切りを行わせました。その結果、しっぽは、切断される直前に引きつったような感じに動き、生まれつき備わっている自切面という切断部位から、あっという間に、きれいさっぱり無血切断されたそうです。

その後、自由になったしっぽは、前後左右の動きにジャンプやひねりを加えた非常に複雑な動きをしつつも、エネルギーを温存しながら少しでも長く動き続けられるようにしているようにも見えたそうです。さらに、何かにぶつかると移動の方向を変えるなどして、周辺の状況に対応しているようにも見えたということです。

この動きのエネルギー源については、ヤモリはしっぽに脂肪分を蓄えているため、脂肪を利用しているのであろうと推定されます。一方、知的な跳躍については、そのメカニズムは明らかにされていません。

第3章

敵だらけの世の中を生き抜く免疫のメカニズム

3-1 自然免疫による即時対応と獲得免疫による情報記憶

　地球上の生物における食物連鎖のなかで、人間を含む大型の脊椎動物は地球上の生態系ピラミッドの頂点にいます。しかし、種の豊富さや個体数から考えると、まさにピラミッドの形状のように、食物連鎖を底辺で支える生物ほど多種多様です。食物連鎖の最底辺を支える微生物は、地球の生命史でいえば私たちの大先輩であると同時に、現在の地球で最も繁栄している生物です。遠い宇宙から地球を観測している知的生命体がいたならば、おそらく私たちの星は人類ではなく、微生物が大繁栄している星に見えるのではないでしょうか。

　それほど膨大な数がひしめく微生物のほか、さまざまな病気の原因となり、場合によっては人の命を奪うこともある病原性ウイルスや、体内に取り込まれれば何らかの悪さをする膨大な化学物質に、私たちは常に取り囲まれています。実際、私たちの体内には、呼吸や食事にともなって、これらの生物や化学物質がひっきりなしに侵入しています。

　この侵入のことを「感染」といいます。しかし健康な状態ならば、感染が起きてもほとんどの場合、私たちはそれに気づくことさえありません。また、「感染したかな」と感じても、多くの場合、自然治癒力が働いて有害な作用はすぐに終息します。このように、私たちが特に意識をしなくても、外来異物や有害微生物の侵入を発見し、それを退治する機能を私たちの体は備えています。それが免疫です。

2つの免疫

現在は〝免疫〟という言葉は、仕組みや用途の異なる2種類の免疫、つまり「自然免疫」と「獲得免疫」の総称として用いられるのが一般的です。

十数年前は、免疫といえば今でいう獲得免疫のことを指していましたが、最近では免疫はその特徴にしたがって、この2種類に分けて考えます。かつて、自然免疫が獲得免疫と対等の地位が与えられていなかった理由は、自然免疫に関する研究が十分でなかったために私たちの理解が浅く、科学者たちはさほど研究する価値のないものと考えていたからです。

大まかに見ると、自然免疫は緊急事態が発生したときに、何よりも迅速な対応が求められる段階で機能します。どのような病原体やウイルスが侵入したのかを識別する機能はある程度は備えていますが、後述する獲得免疫とは違って、敵の種類によって事細かく攻撃方法を変えることはできず、いくつかの汎用的な攻撃方法――主には敵を食べてしまうこと――で対処しています。また、獲得免疫を呼び起こすことも自然免疫の役目です。

一方、獲得免疫は初期対応の迅速さは自然免疫に譲るものの、莫大な記憶能力を持ち、過去に侵入を許した侵入者が2回目の侵入を行ったとき、相手のことを覚えていて自然免疫よりも的確に対応することを可能にしています（図3-1）。

自然免疫も獲得免疫も活躍するのは白血球ですが、そのなかでも、自然免疫では主に好中球とマクロファージが、獲得免疫ではリンパ球（T細胞、B細胞）が活躍することも、両者の大きな違いです。

自然免疫と獲得免疫は独立した免疫ではありません。自然免疫細胞が獲得免疫細胞に情報を提供したり、両方の免疫細胞が共同で同じ敵に立ち向かったり、両者は相互に関連しあって私たちの体を守っています。

なお、獲得免疫は魚類、鳥類、哺乳類以外の動物や植物には今のところ発見されていません。こういった生物たちは、自然免疫だけで病原菌やウイルスに対処していると考えられています。

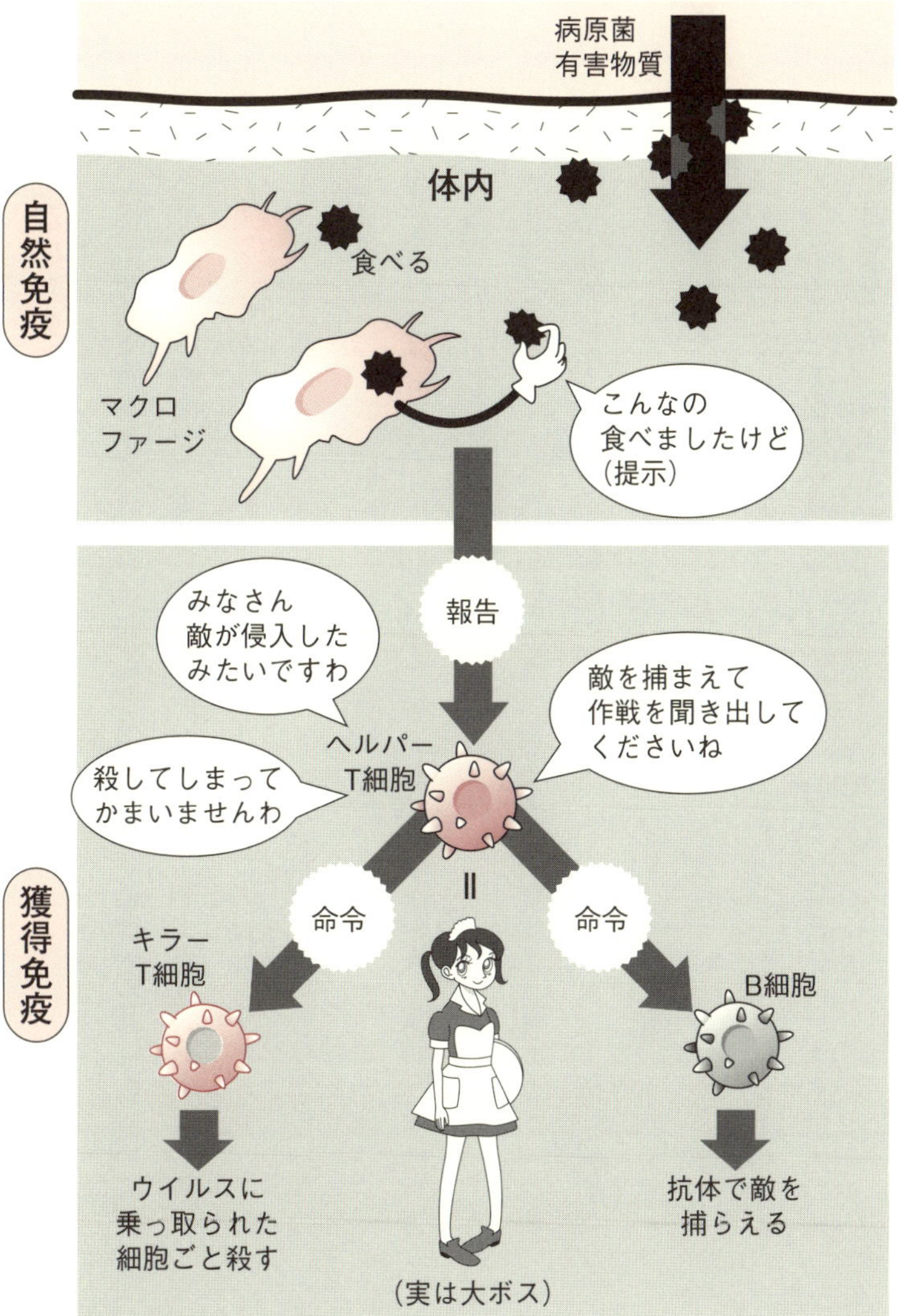

図3-1
自然免疫と獲得免疫の役割分担

それぞれの攻撃方法

自然免疫では、**樹状細胞**[※]やマクロファージなどの微生物認識機能を持つ血液中の細胞群が、いち早く異物を検出する重要な役割を担っていますが、それらの細胞に微生物を認識するセンサーが備わっていることが明らかになったのは最近のことで、それ以前は何でもかんでも手当たり次第に処分する、いってみれば知的センスのない免疫機能だと誤認されていました。

一方、獲得免疫は、リンパ球が中心的役割を担い、感染した生物・物質ごとに対処法を記憶して論理的に行動する免疫です。

獲得免疫の主役であるリンパ球は、細胞表面に侵入者を識別する特殊なタンパク質（抗体）を持つ、非常に多くの種類の細胞の総称です。たとえてみれば、明治維新の年代を覚えるためのあなた、鉄砲伝来の年代を覚えるためのあなた、壇ノ浦の合戦の年代を覚えるためのあなた……と記憶する事項ごとに、あなたがいるようなイメージです。これらのリンパ球は感染が起きるたびに後天的に作り出され、その記憶は基本的にその人の生涯を通じて保持されます。自然免疫になく、獲得免疫にある最大の相違点がこの記憶能力です（図3-2）。

※全身に存在して、樹木の細い枝のような長い突起を周辺に向け多数伸ばしている白血球の仲間に含まれる細胞のこと。マクロファージと似た姿を持ちますが、マクロファージが病原菌などを貪欲に食べてしまうのに対し、樹状細胞は非常に小食です。獲得免疫系を制御するT細胞を活性化し、免疫による生体防御能力を誘導する重要な役目を担っています。

臓器移植で適合性に問題があった場合に拒否反応が起きてしまうのも、体の免疫機能が移植された臓器を外来異物と認識して除去しようとするためです。そのため、臓器移植医療では免疫抑制剤を使用することによって、免疫の敵味方の判断能力を鈍らせ、この問題を回避しようとします。

しかし、この方法では外来の本当の病原体や、家族などの近親者が持ち込む病原性のさほど高くない細菌などに対しても抵抗力が失われる結果となり、通常ならば自然治癒する疾患も重篤なものになるおそれが出てきます。そのため、無菌状態の部屋やカーテンのなかで治療を行うことになります。

自然免疫	獲得免疫
あらゆる生物に存在	哺乳類など高等な動物に存在
敵の侵入後ただちに機能	自然免疫の活動によって機能
手当たり次第に近い攻撃 相手によって攻撃を変えることは、あまりない	敵を認識して最適の方法で対処
相手を覚えて今後に備えることはしない	相手を覚えて次の侵入に備える

図3-2
自然免疫と獲得免疫の違い

3-2 自然免疫の主役は白血球

免疫機能を担うのは血液に含まれる白血球です。赤血球は1種類の細胞の名前ですが、白血球はさまざまに役割分担をした複数の細胞の総称で、ふだんは少数の細胞が血流に乗って体内を循環しています。少数といっても血液1gあたりに数百万個も含まれているのですが、病原体が体内に侵入するなどして異常事態が発生すると、骨髄にある幹細胞から急速に作り出され、血液中の白血球数は急増します。

白血球はまず、細胞のなかに顆粒成分を含むかどうかで2種類に分けることができ、それぞれを顆粒白血球、無顆粒白血球といいます。顆粒白血球はさらに顆粒の性質によって好中球、好酸球、好塩基球に分けられ、無顆粒白血球はリンパ球と単球に分けられます。

では、ここで人間の体を守る白血球についてその細胞種ごとに特徴を観察してみましょう。

自然免疫細胞の代表——好中球

自然免疫で中心的役割を担う好中球は白血球の仲間のなかでも最大多数派で、白血球のうち50%~70%が好中球です。直径は8~16㎛の大型の細胞ですので、大きな好中球ならば60個くらい一列に並べると1㎜程度になります。好中球は血液のなかで循環しているものと、血管の内壁に付着しているものがあり、両者を併せて全身で50 0億個ほどが機能しています。また、血液細胞の巣といえる骨髄には、それら循環している細胞数の約30倍が緊急事態に備えてただちに出動できるように待機しています。そのため、病原体の侵入が発生した際に、真っ先に現場に急行するのは好中球です。

好中球はアメーバのようにグニャグニャと細胞をゆがめて、血管の壁を形作る細胞の隙間をすり抜けて外に出ることができます。好中球の細胞核は核糸と呼ばれるひもでつながった複数の塊に分割されていますが、これは狭い隙間をくぐり抜けるために細胞の形をゆがませるとき、巨大な核がじゃまになることを避けるためです。

好中球の寿命は、骨髄から放出された後は1~2日です。血管に傷がつくとその部位でインターロイキン-8(IL-8)と呼ばれる物質が作り出され、好中球はこれを指標にして現場に向かいます。また、好中球は、全ての細菌が持つアミノ酸が固有の順番で並んで結合した鎖も認識する能力があり、細菌の侵入にも敏感に反応し、細菌と出会った好中球は、細菌に襲いかかって食べ尽くす恐るべきモンスターに豹変します（図3-3）。

これは貪食（どんしょく）という行動ですが、わずか数分で10〜15個もの細菌を丸呑みしてしまうのです。さらに、好中球は活性酸素や過酸化水素といった殺菌作用を持つ物質を大量に作り出す能力を持っている上に、細胞内の顆粒からも殺菌作用がある物質をいろいろと分泌するので、好中球ににらまれた細菌は命運つきたも同然です。ただ、好中球の殺菌能力はあまりにも強力なので、貪食した細菌だけでなく血管内壁など周辺の組織にも障害を与え、患部が腫れてしまうことがあります。

細菌をやっつけた好中球は自分自身もダメー

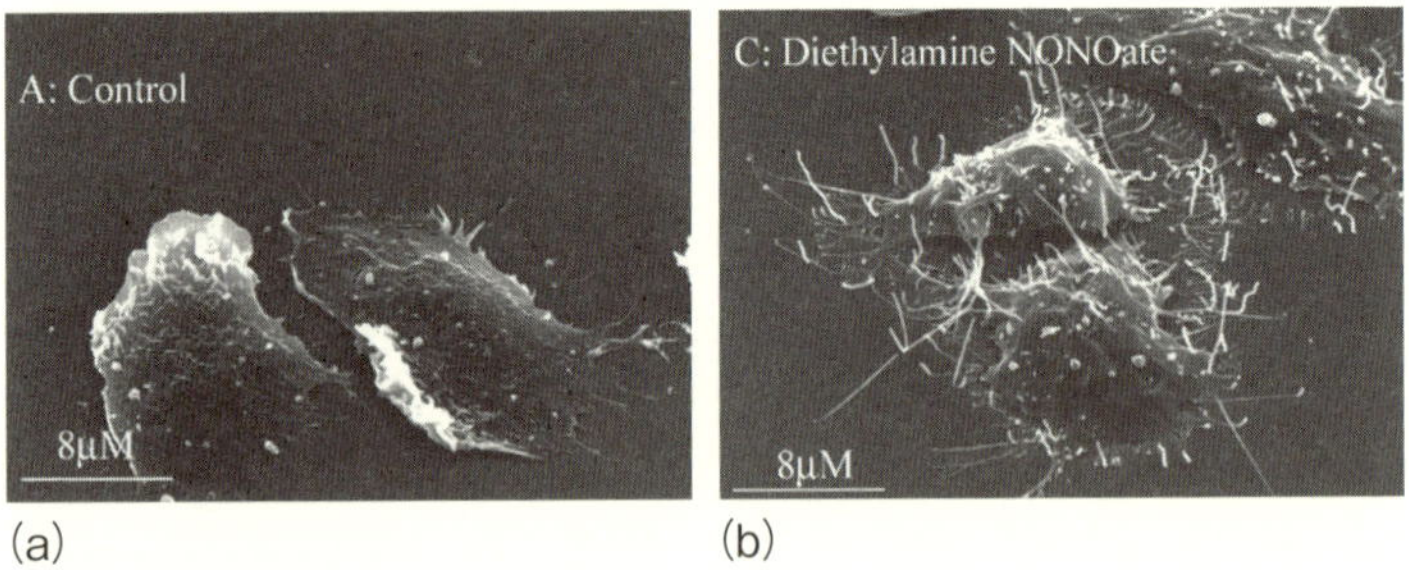

(a)　(b)

図3-3
好中球の電子顕微鏡写真
(a) 活性化前の好中球
(b) 薬品で活性化させることによって、好中球を貪食状態にした
［写真提供／Galkina S. I.,（2005）　Copyright Ⓒ 2005, Elsevir］

ジを受けて次々に死んでしまいます。死んだ好中球の細胞は、マクロファージという別種の無顆粒白血球によって貪食されます。マクロファージは好中球の仕事がひととおり終わり、死屍累々になった頃合いを見計らってやってきて、生き残っている細菌や、死んだ好中球の細胞を処理します（図3-4）。マクロファージが免疫反応の残骸を掃除すると腫れは落ち着きます。また、正常な臓器細胞であっても古くなって機能が低下したり、死んでしまったりした細胞を貪食処理し、新陳代謝を高め、体の恒常性を保つのもマクロファージの役目です。マクロファージの形態は大型のアメーバ状

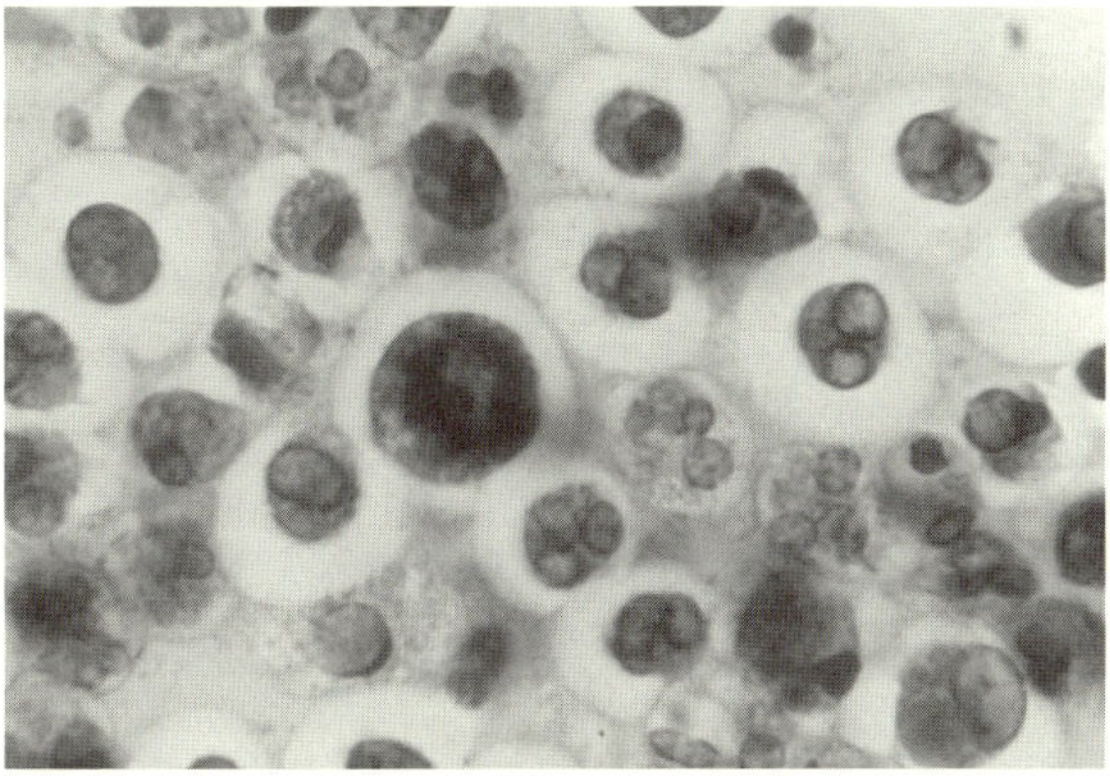

図3-4
食べた赤血球が見えているマクロファージ
着色された丸い塊は、古くなってマクロファージに食べられてしまった赤血球。
［写真提供／Centers for Disease Control and Prevention］

で、類似する役目を担う好中球と似ています。

毒で寄生虫を撃退──好酸球

話を元に戻しましょう。顆粒白血球のなかで、好中球の次に多いのが好酸球です。気管、消化器、泌尿生殖器の粘膜下を主なすみかとし、名前の由来は細胞内に多数の好酸性の顆粒を持つことによります。白血球の2～5％が好酸球で、1人の人間の体に含まれる総数は数百億個です。顆粒は1個の好酸球に約200個あり、そのなかには、通称MBP※と呼ばれる塩基性タンパク質やさまざまな酵素、低分子物質が含まれています。これらの物質には毒性があるため、顆粒のなかに封じ込めて自分自身が毒を浴びないようになっています。この毒は寄生虫に対して毒性を示すことが知られていて、細胞表面に配置されたさまざまなセンサーからの情報を得て、寄生虫から人体を守っています。

能力としては、好中球同様の細菌に対する攻撃力も持ってはいますが、相撲の力士がモダンバレーをするような程度で、やれといわれればできるけど得意ではない、という感じです。

※MBP：Major Basic Proteinの頭文字。主要塩基タンパク質のことです。

アナフィラキシーショックに関係あり？——好塩基球

顆粒白血球の最後は好塩基球です。好塩基球は白血球の0・5％〜1・0％しか占めていない少数派で、実は何のために存在しているのかよくわかっていません。細胞質に好塩基性の顆粒が約100個含まれています。これらの顆粒のなかにも好塩基球に特徴的な酵素や低分子物質が含まれています。好中球と違い、血管を抜け出して好き勝手に組織へ行ってしまうことはありません。人間がアレルギー反応を起こしたときに顆粒のなかに含まれているヒスタミン（図3-5）が放出され、アナフィラキシーショック※、じんましん、気管支喘息などを引き起こすといわれています。

無顆粒白血球の種類

このような、好中球を代表とする細胞質中に顆粒を多く含み、核が複数に分割されている顆粒白血球に対し、顆粒をあまり含まないため、無顆粒白血球と呼ばれる白血球の一群があります。単球、リンパ球と呼ばれる細胞がこのグループに含まれます。

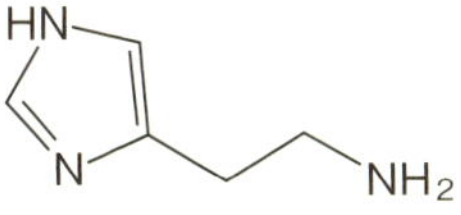

図3-5
ヒスタミン

※過去に感染を経験し、すでに体内に抗体ができている病原体などの抗原に再び侵入された際、白血球が急激に反応し、さまざまな化学的防御物質を瞬時に放出する反応がアナフィラキシー反応です。このような反応のなかでも特に激しいものをアナフィラキシーショックといい、循環不全、低血圧、気道収縮などが起き、重篤な場合は死に至ることもあります。

単球は細胞数こそ白血球中の数%を占めるに過ぎない少数派ですが、細胞の大きさは血液成分のなかでも最大で、マクロファージの供給元となるほか、単球自身も強い食作用を持っています。一方、リンパ球は白血球のうち30%程度を占めます。リンパ球は細胞内部のほとんどが核で、細胞質が少ないことが特徴です。リンパ球からは獲得免疫の主役であるB細胞、T細胞、そして自然免疫で活躍するナチュラルキラー細胞が生まれますが、これらは機能による分類で形態的に区別をすることは困難です。

3-3 自然免疫が敵を見分ける単純な仕組み

ざっくり見分けて早期治療

自然免疫で活躍している好中球やマクロファージはアメーバのような姿をしており、体内に侵入した病原体をまるで、凶暴な肉食獣がか弱い草食動物を襲うように食べてしまいます。自然免疫はわざわざ敵を覚えて対処するわけではないので、とにかくやたらめったら襲いかかります……と、かつては思われていました。ところが、日本の研究者による画期的な発見がきっかけで、おなかをすかせた肉食獣のようだと思われていたマクロファージも実は、敵の情報を取り入れて対処する知的なメカニズムに基づいて行動しているとわかったのです。

かつて〝免疫〟と呼ばれていた研究領域は、枯れた研究テーマ、つまり、免疫を研究しても、すでに画期的な発見は全て刈り取られた後だと考えられていました。しかし現在は、自然免疫という新たな研究領域が発見され、研究者自身がまるでマクロファージになったかのように、この領域に襲いかかっているのが現状です。

知的なメカニズムに基づき、敵か味方か、細菌かウイルスか、くらいは見分けているとはいえ、自然免疫は早期発見早期治療が大切です。後述する獲得免疫が「こいつの特徴はこれ、あいつの特徴はあれ」と詳細に敵を識別していますが、自然免疫は、さまざまな敵に対する攻撃のバリエーションはそれほどなく、過去の敵を記憶することもしていません。では、どのようにしているのかというと、自然免疫は「敵というものは一般的にこういう特徴を持っているものだ」と、ざっくりと把握しているのです。その判断基準は、人間の細胞にはなく病原菌にはあるような構造の有無です。たとえば、細菌の細胞外膜にある**リポポリサッカライド**※、細菌細胞壁の**ペプチドグリカン**※※、ウイルスの**二本鎖ＲＮＡ**※※※などが敵と味方の仕分けの基準となります。このような認識方法を「パターン認識」といいます。

自然免疫細胞は釣りで異物をやっつける

自然免疫でパターン認識を行っている、つまり、敵と味方の区別をしているのはＴＬＲと名づけられた細胞表面のタンパク質です。ＴＬＲはToll-like receptorの略で、樹状細胞やマクロファージなどの細胞の表面に存在しています。「Toll-like」つまり、「Ｔｏｌｌのような」という意味のネーミングですが、Ｔｏｌｌはもともと、

※ある種の細菌の細胞表面に存在する多糖質に脂質が結合した化合物。

※※大多数の細菌で細胞壁の構造物質として含まれている多糖鎖にアミノ酸の鎖が結合した化合物。

※※※ある種のウイルスの遺伝情報の担い手で、RNAがDNAのような二重らせんになったもの。

ショウジョウバエでカビに対する感染防御を行っている遺伝子として発見されました。この遺伝子Ｔｏｌｌと似た構造をした遺伝子から作り出されたタンパク質がＴＬＲです。

ＴＬＲは複数のタンパク質の総称で、構造がわずかに違うタンパク質が、それぞれ異なる役割を担っています。

ＴＬＲの形は非常におもしろく、壁に額縁をぶら下げるときに使うフックにそっくりな形をしています。使われ方も壁のフックにそっくりで、フックを壁にねじ込むねじの部分に相当するアミノ酸が細胞膜に埋め込まれ、細胞の外側が「何かひかっけて〜」といわんばかりのフック状をしています。専門家はこれを「馬蹄形細胞外領域」といっています。

このフック部分がパターン認識を行ってい

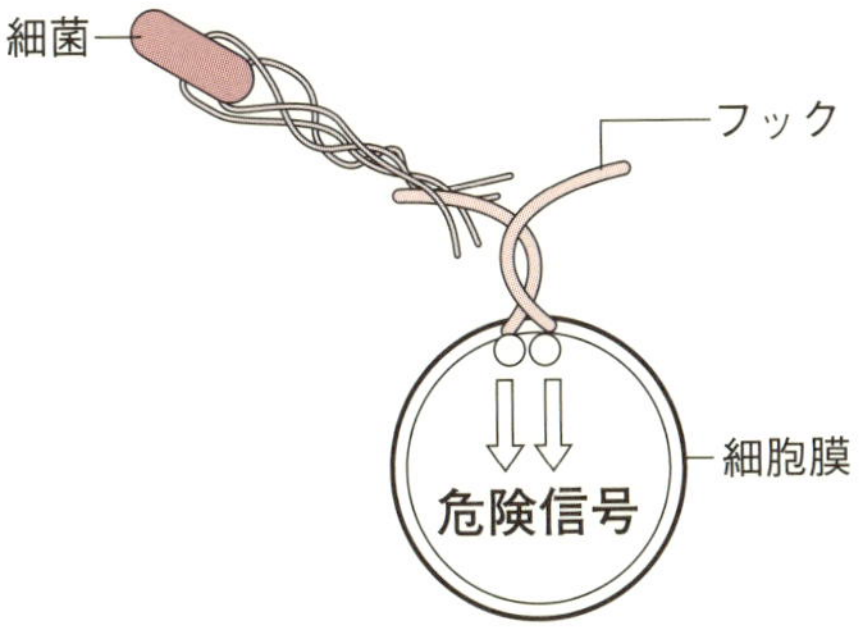

図3-6
TLRの仕組み
TLRのフックに外来異物が近づくと異物がフックに引っかかります。このとき、フック2個が重なり合うようにして引っかけるのが特徴です。

ます。TLRのフックに細菌が近づくと、2個のフックで外来異物を引っかけるのが特徴です（図3-6）。フックと外来異物が結合すると、樹状細胞やマクロファージの細胞のなかにねじ込まれた部分から細胞内のさまざまな機能に対して、「何かがフックに引っかかったぞ、細胞の外に危険なものがあるみたいだぞ！　みんな防御の体制をとれ」という意味の信号が発せられます。それに呼応して情報伝達物質であるサイトカインが分泌されたり、侵入した細胞を破壊するキラー細胞などの白血球が体制を整えて能力アップしたり、敵を攻撃するのに「最適な免疫」が誘導されたりします（図3-7）。

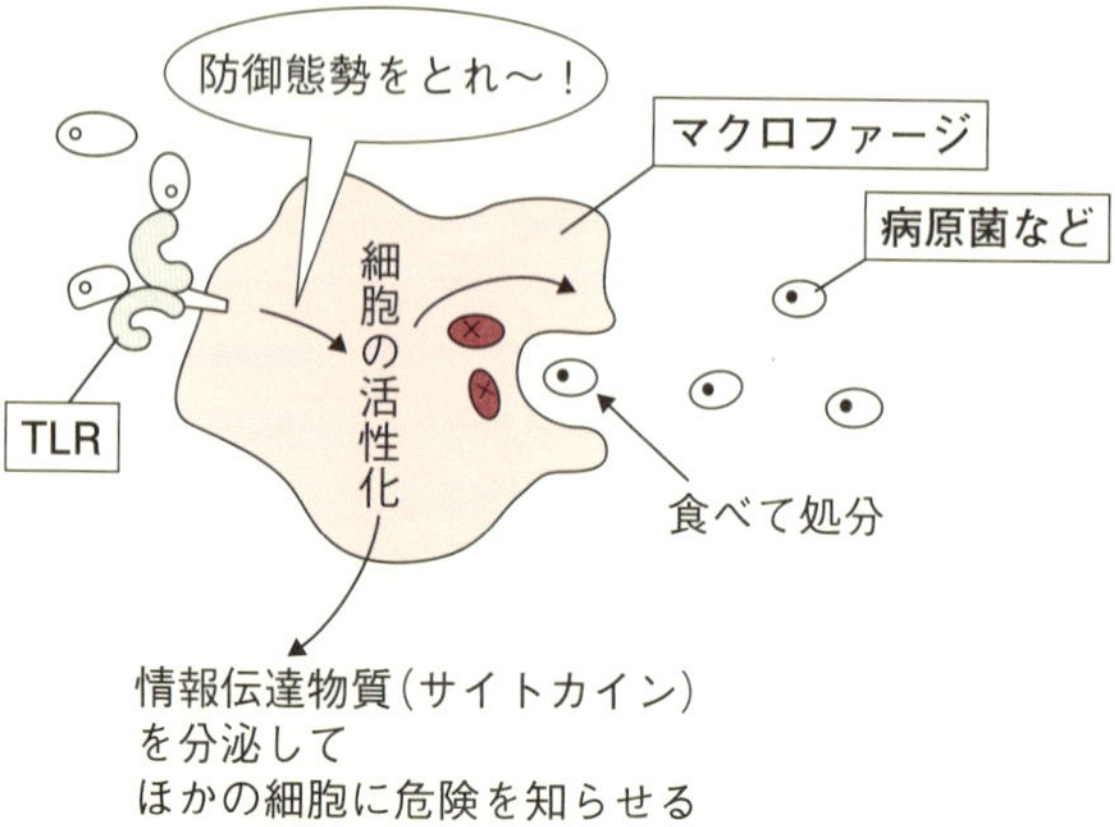

図3-7
TRLが指令を出して体制を整える

ＴＬＲで自然免疫を再発見

研究者たちのかつての認識では、敵に応じて攻撃方法を切り替える免疫機能は、リンパ球を中心とした獲得免疫の仕事でした。自然免疫はスピーディーではあるけれど、あらゆる外来異物に対して同じ反応しかできない単純な免疫機能だと理解していました。しかも、獲得免疫は高等な脊椎動物だけが享受できる優れたメカニズムで、自然免疫は昆虫や植物などの下等（と人間が思っている）生物が使っているメカニズムであるというのが一般的な解釈でした。

ところが自然免疫のほうも、その病原菌に対して最適な免疫を引き出していることがわかり、「免疫」といえば獲得免疫だけを指していた時代から、明確に「獲得免疫」と「自然免疫」に分けて定義するようになったパラダイムシフトのきっかけがＴＬＲの発見でした。そしてＴＬＲが哺乳類の体内で何をしているのかを明確にするために、次のような実験が行われました。

ＴＬＲのメカニズム

ＴＬＲの遺伝子とよく似た遺伝子群をマウスの全遺伝子のなかから拾い上げ、それらの遺伝子を1つずつ破壊してマウスの外来異物に対する反応がどのように変化するかを調べました。その結果、TLRの遺伝子が機能しなくなることにより、マウスの免疫機能に異常が生じる現象が複数発見されました。これによって、TLRにはさまざまな種類があり、外来異物と認識する物質がTLRの種類によって異なることがわかったのです。

TLRは樹状細胞やマクロファージが外部からの侵入者を検出するタンパク質ですので、それらの細胞の表面にあって外敵の情報をキャッチして当然です。ところが、TLRについて研究を進めていくと、TLRのいくつかは細胞の内部に存在していることがわかりました。それは、潜望鏡を艦内食堂に設置してしまった潜水艦のようでもありました。

TLRの名前	何に反応するか	マクロファージのどこにあるか
TLR1	病原菌のリポタンパク	表面
TLR2	病原菌のリポタンパク	表面
TLR3	ウイルスの遺伝子RNA	内部
TLR4	病原菌のリポ多糖	表面
TLR5	病原菌のべん毛	表面
TLR6	マイコプラズマのリポタンパク	表面
TLR7	ウイルスの遺伝子RNA	内部
TLR8	ウイルスの遺伝子RNA	内部
TLR9	病原菌やウイルスの遺伝子DNA	内部

図3-8
TLRの種類と機能

ところが、さらによく調べてみると、細胞内のＴＬＲは病原菌のＤＮＡに反応するように設計されていることがわかりました。病原菌はマクロファージなどに捕まると、細胞内部に引きずり込まれて、タンパク質分解酵素などの作用を受けて破壊されます。すると、それまでは病原菌の細胞のなかに保管されていたＤＮＡがマクロファージのなかで流出します。細胞内のＴＬＲは、破壊された菌から出てきたＤＮＡをキャッチして情報収集と適切な対処をするために、わざわざ細胞内部で出番を待っているのです（図3-8）。これはＴＬＲというメカニズムが緻密な計算の上に設計されたものであることを意味しています。

ＴＬＲが発見されるまでの自然免疫は、体内に侵入した病原菌を、まるで夏の浜辺で目隠しをしてスイカを手当たり次第にたたきまくるような、そんな知的センスを感じさせない行動をしていると思われていました。しかし実際には、ＴＬＲという精密なセンサーを利用して、さまざまな方法で敵を認識して攻撃方法を変えていたのでした。

3-4 マクロファージは何をするか？

マクロファージの種類と働き

マクロファージは細胞の役割によって定義された分類で、侵入した病原菌を食べてしまう白血球の総称です。細胞の由来はさまざまであると思われていますが、くわしいことはわかっていません。したがって、一言でマクロファージといってもさまざまな種類の細胞があり、大きくは遊走性マクロファージと定着性マクロファージに分けられます。それぞれは、次のようにさらに細かく分類されています。

・遊走性マクロファージ

血液単球、肺胞マクロファージ、腹腔（ふくくう）マクロファージ、炎症部位肉芽腫マクロファージ

・定着性マクロファージ

クッパー細胞、ミクログリア細胞、組織球、樹枝状マクロファージ、血管外膜細

胞、間藤（まとう）細胞

マクロファージが処分するのは病原菌のような外来異物ばかりではありません。私たちの身の回りには、たばこの煙や紫外線、食品中の有害物質など発ガン性のある物質が満ちあふれていますが、容易にはガンになりません。これもマクロファージを含む免疫の働きによるものです。ガン細胞は細胞核に存在する遺伝子が発ガン物質の影響でダメージを受けたことによって、通常の細胞が偶然、強力な増殖能力を獲得したものですが、免疫はこのようないわば〝細胞の失敗作〟も認識することができ、マクロファージによって処分されてしまいます。そのためガン細胞が発生しても、収拾がつかないほど増殖する前に処分されてしまうのです。

マクロファージはメッセンジャー

マクロファージは、すでに紹介した貪食作用のほかに、外来異物が体内に侵入したことをそのほかの体を守る役目の細胞に、警報のように知らせる役目も併せ持っています。

これは全身の免疫が臨戦態勢になるきっかけを与える重要なものです。ではどうするかというと、病原菌などを飲み込んだマクロファージは、飲み込んだ病原菌の残骸を細胞の表面に提示するという妙な行動をします。人間がフライドチキンを食べた後に食べかすの骨を服にくっつけたまま街を歩き回ると「まぁ！　近くにはフライドチキンのお店があるのね、教えてくれてありがとう」と感謝されることはなく、「あ、汚い人」で終わってしまいます。ところが、マクロファージは残骸を体の表面にくっつけておくことによって体内に侵入者がいることをヘルパーT細胞に知らせるのです（図3－9）。

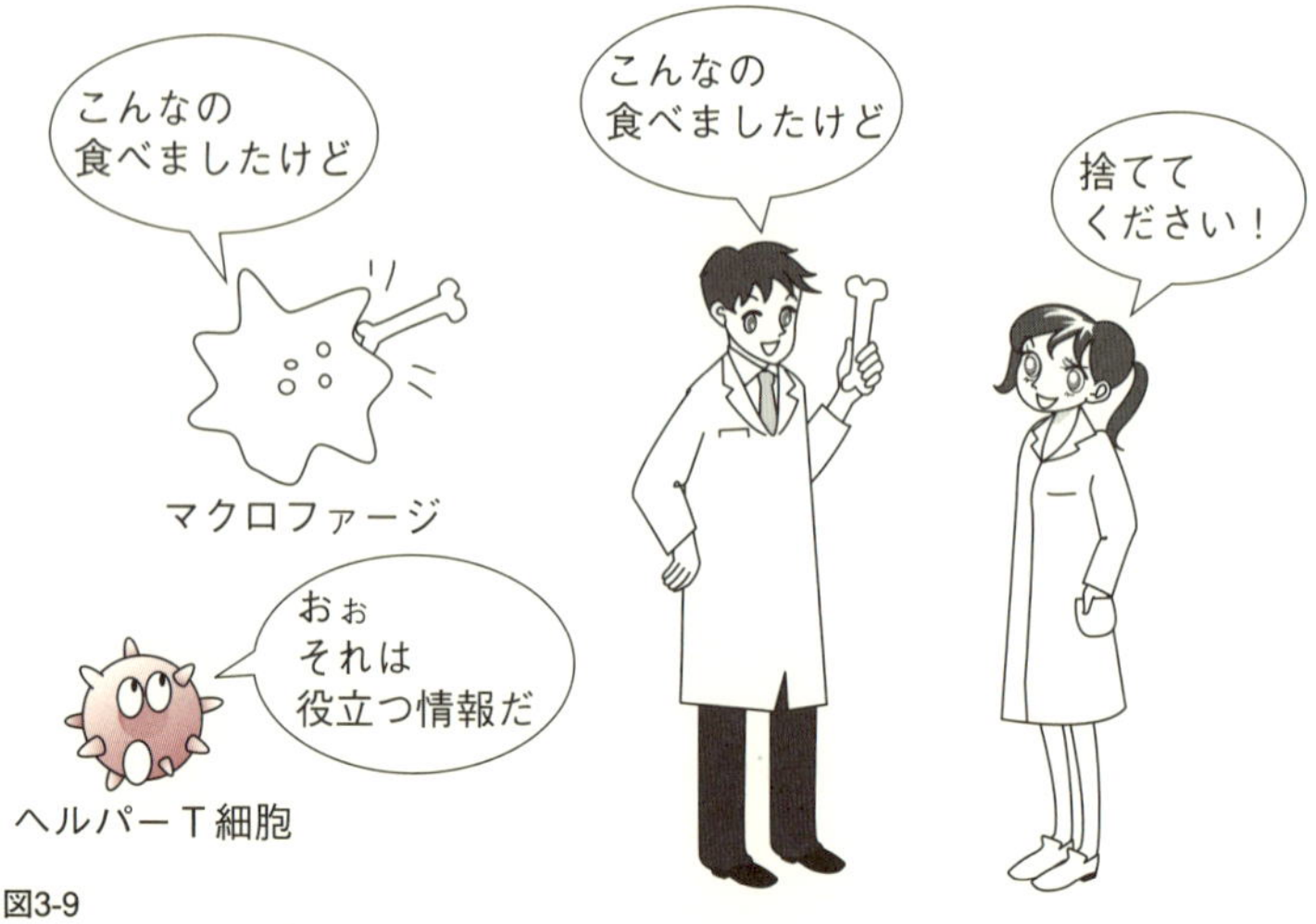

図3-9
こんなの食べましたけど

詳細は後ほど獲得免疫のところで説明しますが、ヘルパーT細胞は無顆粒白血球の一種のリンパ球が変化してできた細胞で、実は異物を退治する影の大ボスです。ヘルパーT細胞は常に全身を巡回していますが、その最中に食べ物の残骸を体の表面に出しているマクロファージを発見することによって侵入者の存在を知ります。ヘルパーT細胞は有能な司令官ですが、マクロファージのこの珍妙な行動がなければその能力を起動させることができないのです。そして、ヘルパーT細胞が指令を出さなければ、より強力なキラー細胞は身動きがとれず、その間に病原菌による侵略が進んで人間は何らかの病気を発症してしまうかもしれません。

マクロファージは食べかすを体の表面につけることで、とても大切な役目を果たしているのです。

3-5 複雑なサイトカインの仕組みをわかりやすく考えてみる

第2章で、発熱はサイトカインの一種のインターロイキンによって生じると説明しましたが、サイトカインはある特定の性質を持つタンパク質の総称です。そして、このタンパク質を作ることができる細胞は、病原菌などの体内侵入によって活性化したリンパ球やマクロファージです。

サイトカインの役目は細胞と細胞の間で情報をやりとりする媒体となることで、たとえていえば手紙やメールのようなものです。その手紙に何が書かれているかといえば、リンパ球を活性化する指令や、免疫反応の調整に関するレシピなどです。「サイトカイン」は、このような特徴を持つタンパク質の総称で、その種類はさらに細かく分けられます。たとえば、白血球と白血球の間でやりとりされる手紙に相当するインターロイキン、腫瘍細胞を壊死させる因子TNF※、ウイルスの活動を抑制する因子インターフェロンなどです。

ホルモンと同様に、サイトカインはほんのわずか作り出されれば十分機能を発揮することができます。しかし、ホルモンが特定の臓器で作り出され、そこからだいぶ離

※TNF：Tumor Necrosis Factorの頭文字。腫瘍壊死因子のことです。

れた場所まで運ばれて指令を伝達するのとは大きく異なり、サイトカインは体内では分解されやすいため遠くまで移動することが難しく、作られたごく近い場所で主に使用されます。というのも、サイトカインはマクロファージやB細胞などが情報を共有して侵入者と戦うために存在するものなので、今その場にいる免疫細胞に的確な情報を素早く伝える必要があるからです。むしろ、遠く離れた場所にいるキラー細胞などに不要な情報が伝わることは望ましくないので、その場で分解されてしまうくらいでちょうどよいのです（図3-10）。

キャッ
明日は休むので
ボクの分も
実験をよろしく
サイトカインで
活性化された人間
サイトカイン
ぷんぷん
サイトカインは
分解されやすい

図3-10
サイトカインは手紙のようなもの

3-6 自然免疫における貪食の仕組み

口を作って異物を食べる

マクロファージは異物を見分けてはいるものの、基本戦略は相手を食べてしまうことです。この行動を「貪食（どんしょく）」ということはすでにご紹介しました。マクロファージは大型の細胞ですが、相手を食べてしまうには、体は大きいほうが都合がよいのです。マクロファージなどの病原菌を食べてしまう細胞のことを「食細胞（しょくさいぼう）」といいますが、食細胞に見られる貪食作用は、まずは病原菌を自らの細胞内に取り込み、その上でタンパク質分解酵素などで分解処分しています。

食細胞が異物を取り込むときには、細胞内でアクチンが形成されることにより、細胞の表面が本当に食べ物に口を伸ばす人間のような形の構造ができ、パクッと飲み込んでしまいます。異物を飲み込むときにだけ細胞にできる口のような構造をファゴサイティックカップといいます。

アクチンは筋肉の繊維に見られるフィラメントの主成分としてよく知られています

が、あらゆる細胞のなかに存在していて、細胞の形を維持したり、細胞が移動する際の構造変化を生み出したりする役目を果たしています。食細胞の口であるファゴサイティックカップが形成される前からアクチンは食細胞に存在していて、異物へ向かって移動するときに細胞の形態を変化させるためなどに活躍しています。異物を取り込むときは、それまでは細胞の形を適切に維持する役目を担っていたアクチンがいったんバラバラに分解され、〝口〟を形成するのに適したアクチンの配列に再構成されます。

細胞のなかで殺菌

食細胞が病原菌を自分のなかに取り込むと、次にその菌を分解する仕組みが動き始めます。

食細胞は、非常に強い殺菌力を持つ過酸化水素などの原料となるスーパーオキスドアニオンを作る高い酵素活性を持っています。そのため、食細胞に取り込まれた病原菌は、内部で生成された過酸化水素や次亜塩素酸などの過激な物質にさらされ、ひとたまりもなく破壊されてしまいます。これらの殺菌物質は食細胞自身にもダメージを与える可能性があるので、マクロファージは細胞質にリソソームと呼ばれる構造を多数含んでいて、このなかに殺菌成分を封入しています。取り込まれた異物はリソソームと接触することによって加水分解酵素にさらされ消化が行われます（図3－11）。

さらに、スーパーオキシドアニオンを作るNADPHオキシダーゼという酵素も、やたらめったらスーパーオキシドアニオンを作ってしまわないように、ふだんはこの酵素をいくつかの部品に分割して細胞のなかに保管しています。うっかり混じり合わないように、一部は細胞膜に、残りは細胞質に、と保管場所まで分けているほど安全管理が徹底しています。そして異物が食細胞のなかに取り込まれると、細胞質に保管してある部品が細胞膜へ運ばれ、それらの部品を組み立ててNADPHオキシダーゼを完成させ、すぐさまスーパーオキシドアニオンの生産が始めます。

このような巧みな防御機構が、自分の体のなかで普通に行われていることには驚かされます。ただ、複雑であるがゆえにトラブルが起きることもあり、何らかの原因でNADPHオキシダーゼを完成させることのできない遺伝性の疾患があります。慢性肉芽腫症と呼ばれるこの病気では、食細胞が取り込んだ病原菌を分解処理できないため、細菌の感染が頻繁に発生し、腫瘍が形成されます。

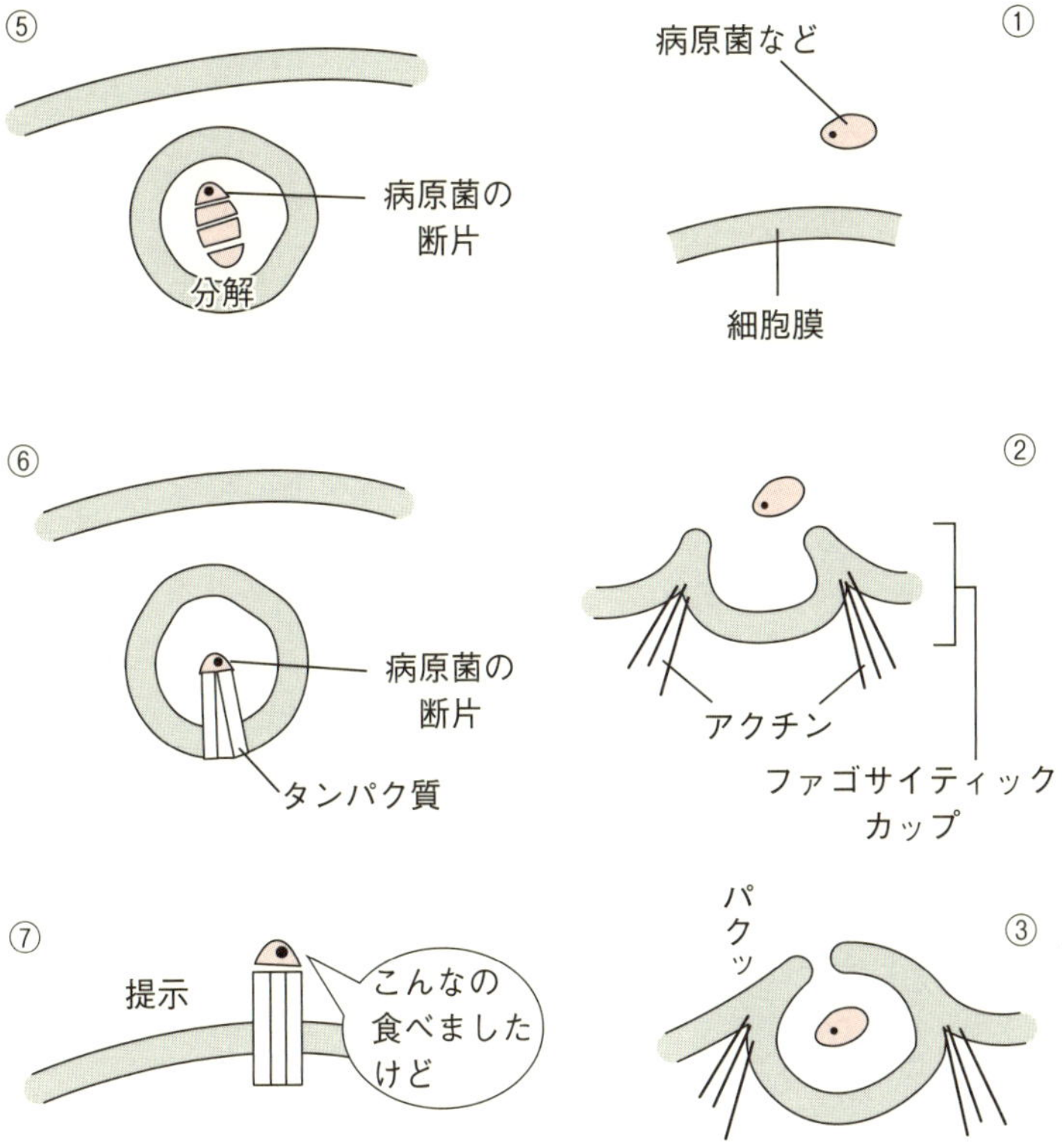

図3-11

食細胞が病原菌を分解する仕組み

食細胞は病原菌を細胞膜で包み込むようにして細胞内に取り込み分解処分します。その断片はタンパク質に結合し、細胞の外へ突き出され、T細胞などに「こんなの食べましたけど」と情報を伝えます。

3-7 天然の殺し屋——ナチュラルキラー細胞

ナチュラルキラー細胞はその名のとおり、生まれながらの殺戮細胞で、自然免疫系で活躍します。もともとは体内に発生したガン細胞を破壊するリンパ球として発見されましたが、リンパ球関連の免疫細胞とは異なり、病原体の感染を経験しなくてもガン細胞などを破壊する能力を持っていますので、後述する獲得免疫のキラー細胞とは異なるものです。

ガン細胞を見分けて攻撃

ところで、ガン細胞だけを選び出して破壊するということは非常に難しい作業です。というのも、ガン細胞は外部から侵入した病原菌などとはまったく異なり、その由来は自分自身の細胞であるため、細胞の構造や性質に病原菌のような決定的な特徴が見られないためです。抗ガン剤を使用すると激しい副作用が現れることがありますが、その理由は抗ガン剤が正常な細胞とガン細胞を正確に見分けることができず、正常細胞まで攻撃してしまうからです。にも関わらずナチュラルキラー細胞はガン細胞を適切に認識して破壊します。何を基準にして同じ自分自身の細胞のなかからガン細胞と正常細胞をより分けているのかがわかれば、ガンの新しい治療方法につながる可能性があるため、多くの研究者がそのメカニズムに興味を持ちましたが、それが解明されるまでは20年以上の年月を要しました。

ナチュラルキラー細胞はターゲットとなる細胞を発見すると、まずは「せっせっせ」をするように両手をつなぎます。このとき、片方の手にはナチュラルキラー細胞の殺戮能力を活性化する機能が埋め込まれていて、もう片方にはそれを抑制する機能が埋め込まれています。手をつないだ相手に対してどのような態度をとるのかは、この両手のバランスがどちらに傾くかによって決まります。この仕組みは後述する交感神経と副交感神経の関係に似ています。

ナチュラルキラー細胞は、活性化に関わる手と抑制に関わる手をそれぞれ何種類も持っていて、手をつなぐ相手に応じてそれらを使い分けます。つまり、手をつなごうと相手に手をさしのべたとき、相手がどんな手を出してくるかによって、それが敵か味方かを見分けているのです(図3-12)。

ナチュラルキラー細胞の活躍は、病原菌やガン細胞に対してだけでなく、そのほかの疾患の治癒にも関わっていることがわかりつつあります。英国サウサンプトン大

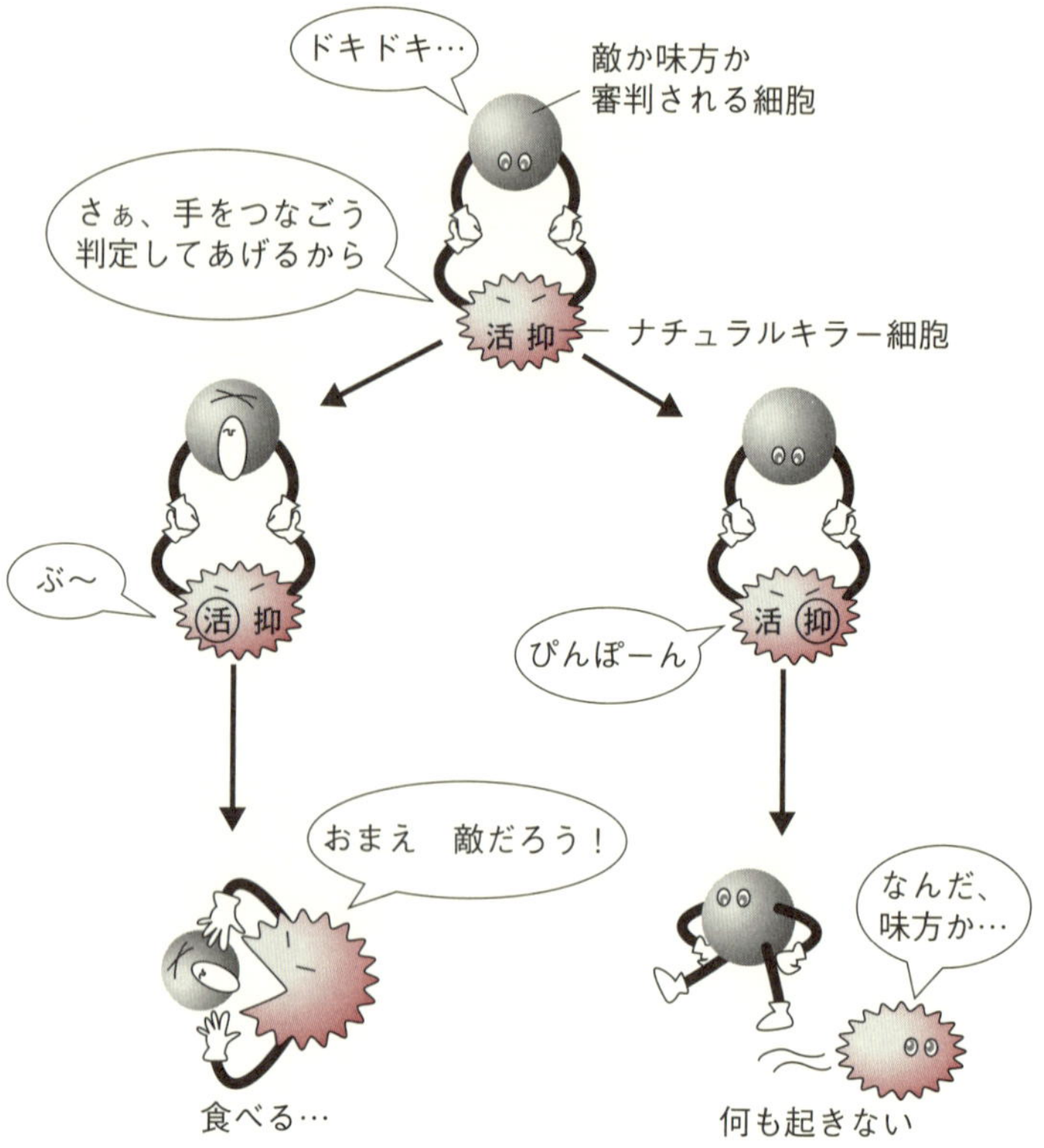

図3-12

ナチュラルキラー細胞を制御する2本の手

ナチュラルキラー細胞は殺戮能力を活性化する手と抑制する手を持っていて、標的の細胞と両手をつなぎ、活性化と抑制のバランスの結果で対処を変えます。標的細胞が病原菌などの場合は、活性化の手が優勢となり標的細胞を食べてしまいます。体内の細胞の場合は抑制の手が優勢となり、何もせずに離れていきます。

学、米国ジョンズ・ホプキンス医学研究所、米国立癌研究所の共同研究で、ナチュラルキラー細胞の活動を抑える遺伝子が、C型肝炎の自然治癒に関連していることが発見されました。[7]

C型肝炎患者の20％は自然治癒するという統計があり、治癒する人としない人のどこにその違いがあるのかが長年の疑問でした。この研究は1000人以上のC型肝炎患者を、自然治癒した患者としなかった患者の2群に分けてDNAの比較を行い、両群を区別する遺伝子的特徴を明らかにしたものです。

今回の研究では、ふだんは傍若無人に暴れ回らないようにナチュラルキラー細胞を抑制している孫悟空の頭のわっかのような遺伝子が解除されることによって、ナチュラルキラー細胞が攻撃を開始できるようになる、つまり免疫反応を妨害するメカニズムに感染症の防御が関わっていることが判明したのです。これは研究者にとっては意外なことでした。ただ、このような仕組みはウイルスの感染量が人間の免疫を圧倒するほど大量だと効果がないようですが、量的な関係ははっきりしません。また、このメカニズムをC型肝炎治療にただちに応用できるかといえば、その方法もにわかには思いつきません。ナチュラルキラー細胞の医療への応用には、さらなる研究が必要です。

3-8 獲得免疫による自然治癒と病気抵抗性メカニズム

獲得免疫は、ある特殊な病原体などに対してのみ働く免疫で、以前に経験したことのある病原体に再び感染した場合に機能します。インフルエンザ予防などで行われるワクチン接種は、能力が弱められた病原体を意図的に感染させることによって、人偽的に獲得免疫の能力を作り出す行為です。

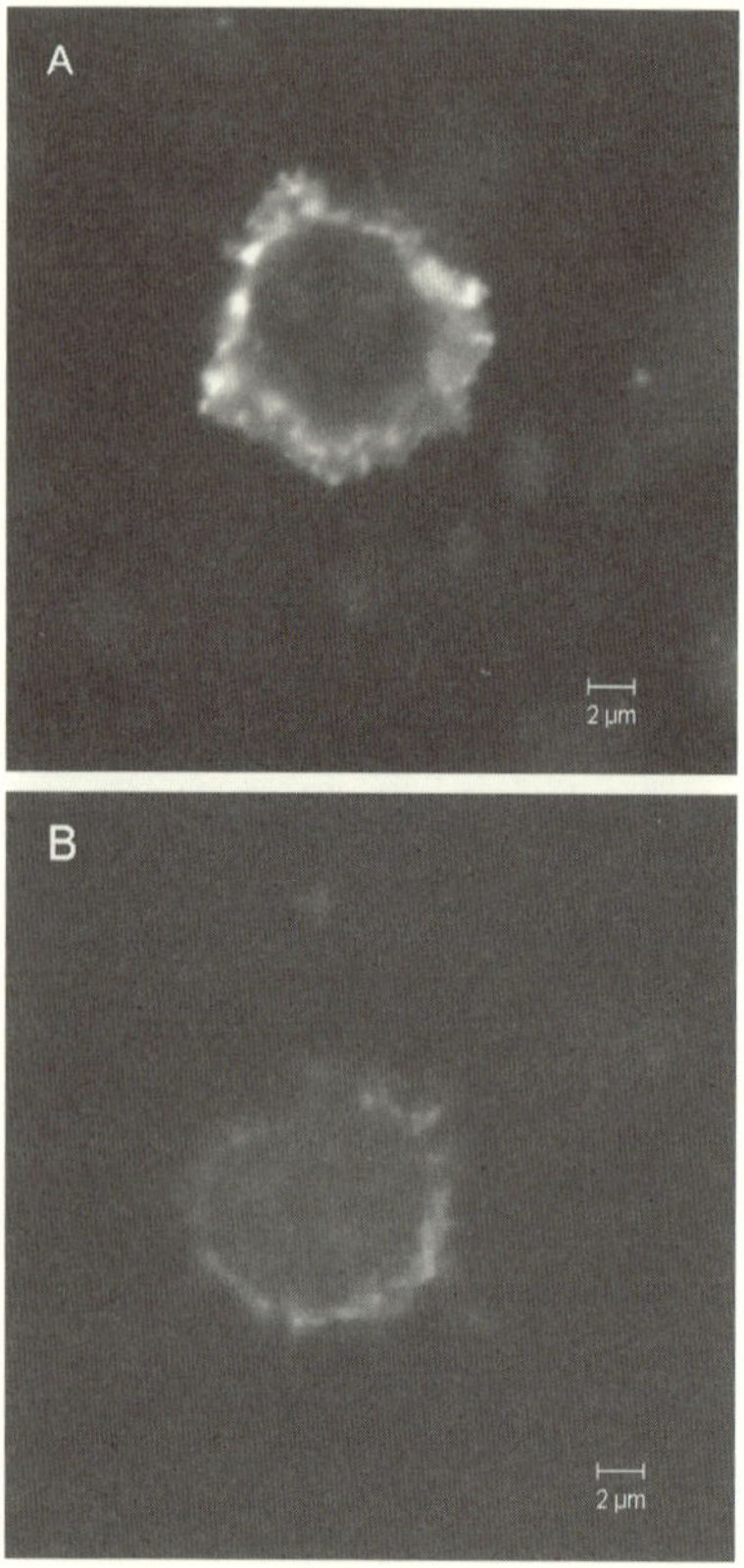

図3-13
リンパ球と体細胞
リンパ球（A）と標準的な体細胞（B）の蛍光顕微鏡写真。アクチンが緑色に光るように処理がしてあります。アクチンは細胞の構造を維持するために必要な分子ですので、通常の細胞（B）にも存在していますが、体内での移動や病原菌の取り込みのために複雑に細胞の体を変形しなければならないリンパ球では、より多くのアクチンが細胞表面近くに存在していることがわかります。
［写真提供／Cai X., *et al.*,（2010） Copyright © 2010, Elsevier］

自然免疫の実働部隊が好中球やマクロファージであるのに対し、獲得免疫の実働部隊はリンパ球（図3-13）です。リンパ球は侵入した外敵と戦うだけでなく、記憶細胞という特殊な機能を持つ細胞に変化し、過去にどのような敵と戦ったかを記憶する役目も持っています。

獲得免疫の発見

イギリスの医師、**エドワード・ジェンナー**※は天然痘の予防のために、人に牛痘（ぎゅうとう）ウイルスを接種して免疫をつくることに成功しました。これが免疫研究のはじまりでした。

牛痘はウイルス性の牛と人間の共通感染症です。牛で発症すると乳牛の乳頭、乳房に発疹ができ、乳しぼりなどで感染牛に接触すると、人へも感染して熱が出たり、リンパ節が腫れたり、おできができたりします。ただ、致死的なものではありません。一方、天然痘も症状は似ていますが、牛痘に人間が感染した場合と比較すると症状は重く、死者が出ることもあります。

ジェンナーの時代、牛痘にかかった農民は天然痘にかからないということは経験則として知られていました。ジェンナーは、牛痘にかかることによって体に変化が生じ

※1749-1823年。イギリスの医師。牛痘を利用した天然痘の予防を試みて成功。「種痘の父」と呼ばれています。

天然痘を回避することができるようになるのではないか、と考えました。そこで、1796年に、ジェームス・フィップスという8歳の男の子に、牛痘にかかった女性のおできの膿を接種しました。その約2ヶ月後、この少年に天然痘のウイルスを接種したところ発症しなかったことから、牛痘で天然痘を予防できることを発見しました。子どもに、しかも発症すれば命に関わるかもしれない病原物質を接種して効果を証明するような研究は、現在では認められるはずもありませんが、ジェンナーのこの実験によって、その後のさまざまな感染症予防接種の研究が始まることになりました。

やがて、ウイルスや細菌が体内に侵入することによって感染症が発症すること、このような侵入者と戦っているのはリンパ球と名づけられた白血球の一種の細胞であること、リンパ球はサイトカインと総称される物質によって高度に情報交換をしながら侵入者と戦っていることなど、免疫という現象を支えている細胞やタンパク質の挙動が次々に発見されました。

3-9 侵入者と戦う細胞——獲得免疫編

獲得免疫の主役はリンパ球

獲得免疫についての話を始める前に、免疫に関わる白血球についておさらいをしておきましょう。

白血球は細胞のなかに顆粒があるかないかで顆粒白血球と無顆粒白血球に分けられ、顆粒白血球はさらに好中球、好酸球、好塩基球の3種類に分けることができました。これらは自然免疫で活躍する細胞たちです。一方、無顆粒球はリンパ球と単球に分けられます。自然免疫で大活躍のマクロファージは自然免疫に関与しているものの単球が変化した細胞であると考えられています。そして、獲得免疫の主役はリンパ球です。

好中球や好酸球は知らなくても、リンパ球といえば何となく思い当たるところがあるのではないでしょうか。首筋をさすりながら「リンパ節が腫れた」ということがよくありますが、リンパ節とリンパ球は関係があるのでしょうか。

リンパ節はリンパ腺ともいいますが、組織と組織の隙間を満たす体液であるリンパ液が流れる管、リンパ管の要所要所にある粒状の小さな器官がリンパ節です。首はリンパ節がある代表的な部位で、体の表面に近いところにあるため表在性リンパ節といいます。また、肺や肝臓周辺の体内深部にもリンパ節はあり、それらは深在性リンパ節といいます。

ここで説明するリンパ球はリンパ節に多く存在していて、リンパ管のなかを移動する病原菌や外来異物を処分することが役目の細胞です。自然免疫の項で「好中球が大活躍して外敵をやっつけると、その威力がすさまじく

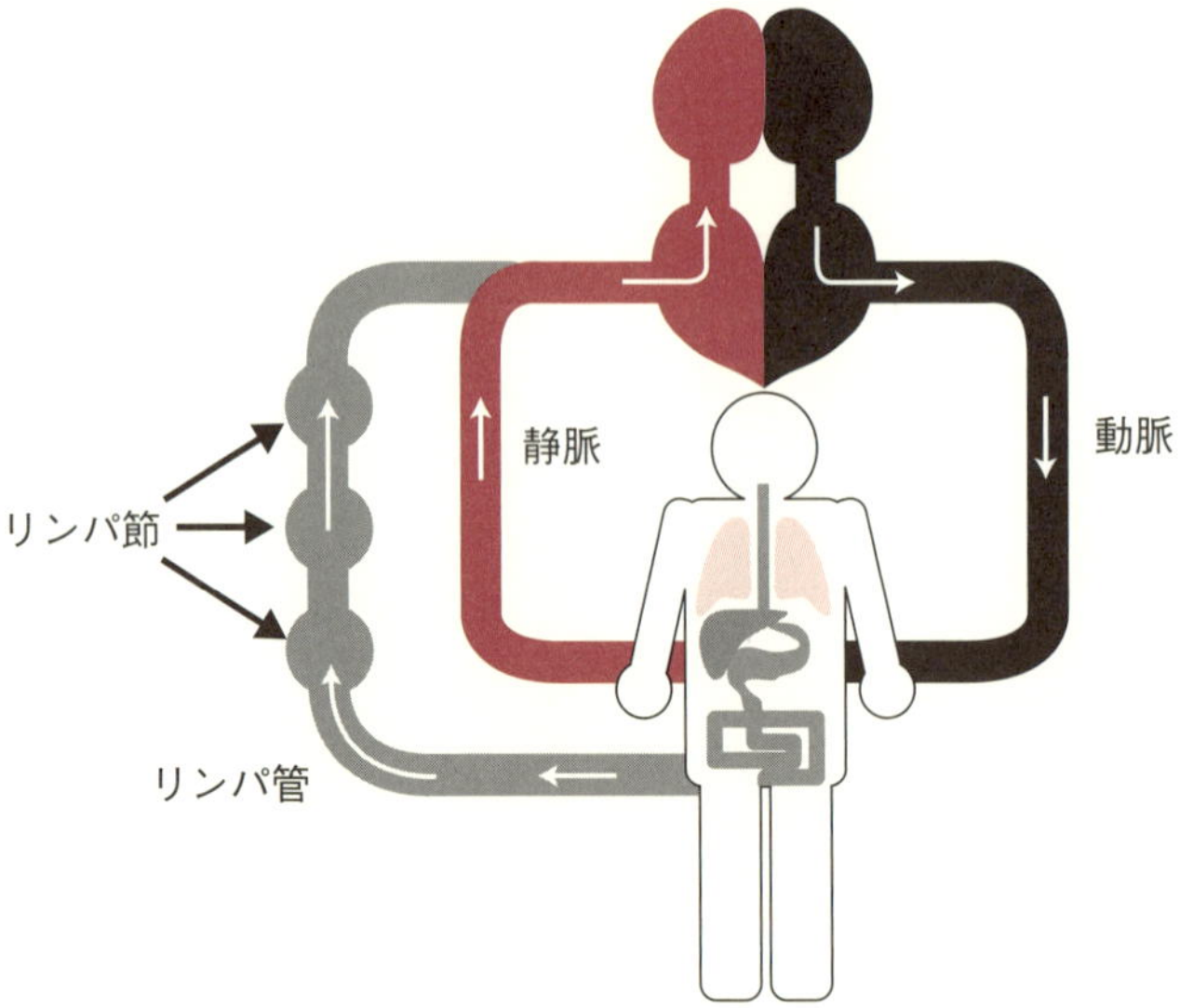

図3-14
血管とリンパ管の関係
血液の流れに乗って全身を巡っているリンパ球は血管から脱出することができますが、それらのリンパ球は末梢組織にあるリンパ管に入ります。リンパ管はリンパ節につながっています。リンパ節はリンパ液から細菌や老廃物を除去するフィルターの役目をしています。リンパ節を何回か通過してきれいになったリンパ液とリンパ節で刺激を受け活力が戻ったリンパ球は首のつけ根で静脈に流れ込み、再び血液の循環にのって全身を巡ります。

て正常な細胞までダメージを受けるために腫れてしまう」と書きましたが、リンパ球についてもまったく同様で、リンパ球が大活躍すると炎症が起き、付近のリンパ節が腫れます。

血液のなかには赤血球や白血球などさまざまな細胞が混在していますが、リンパ液中ではほぼ全ての細胞がリンパ球です。一方でリンパ球は血液のなかにも存在し、白血球の30％を占めます。リンパ球は自分の形をゆがませてリンパ管や血管から外に脱出することが可能で、細胞と細胞の間にちゃっかり収まっていることもあります（図3－14）。

血液細胞は、骨髄の造血幹細胞が血

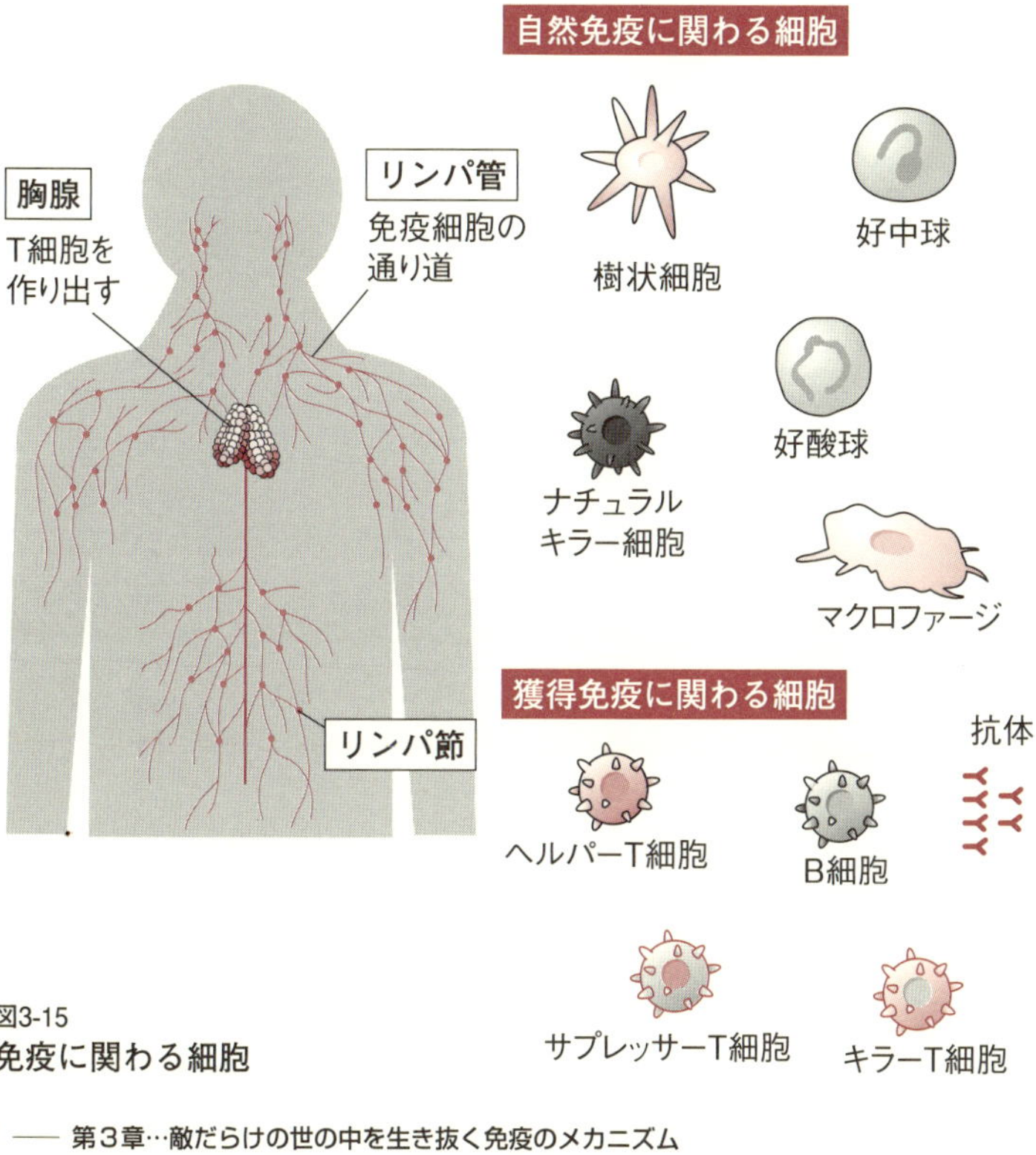

図3-15
免疫に関わる細胞

液中細胞の前駆細胞に変化し、前駆細胞が細胞分裂することによって大量生産されますが、リンパ球も由来は骨髄造血幹細胞です。そして、単球がマクロファージに変化したように、リンパ球も自身が「B細胞」「T細胞」「ナチュラルキラー細胞」と呼ばれる別の種類のリンパ球のもとになります。この3種類の細胞が役割を分担して体内に侵入した有害物を駆逐し、全体で免疫として機能します（図3-15）。

侵入者を記憶する——B細胞

B細胞の役目は、体内を循環しながら細菌などの侵入者を発見し、その侵入者とだけ反応して敵の毒素を無毒化したり、敵の機能を破壊する物質を作り出したりすることです。作り出された物質のことを「抗体」、侵入者のことを「抗原」といい、このような適切に敵を認識してそれに対する防御が作動することを「抗原抗体反応」といいます。

抗体は免疫グロブリンというタンパク質でできている物質で、特定の侵入者に対抗するための専用破壊兵器です。B細胞は抗体をいつまでも温存し、もし2度目の攻撃を受けた際には、より速やかに撃退できるよう準備をしておくこともB細胞の役目です。特に、このような敵を覚えておく役目を新たに引き受けたB細胞のことを「メモリーB細胞」と呼びます。

侵入者撃退の司令塔——T細胞

T細胞は役割の違いによって3種類に分かれます。それらはヘルパーT細胞、キラーT細胞、そしてサプレッサーT細胞です。

ヘルパーT細胞の名前からイメージされるのは、エプロンなどを着けて陰でいろいろ支援業務に就いている細胞です。しかし、その正体は免疫の親玉であり、司令塔です。たとえるならテレビゲームで、古い洋館の大広間でいかにも悪そうなボスキャラを倒したら実はそれは影武者で、そばに仕えていたか弱そうなメイドさんこそが、あらゆる妖怪を操る本ボスだった、というような感じでしょうか。ただ、ヘルパーT細胞自身は、体内で起きている異常をキャッチする能力は持っていません。ここで登場するのは自然免疫で活躍するマクロファージです。敵と遭遇したマクロファージは、貪食した細菌などの断片を細胞表面に提示することによって、その情報をヘルパーT細胞に報告します。それを見たヘルパーT細胞はサイトカインを放出し、いろいろな免疫細胞に指示を飛ばします。

B細胞はこのサイトカインを受け取ると武器（抗体）製造を活発化します。またマ

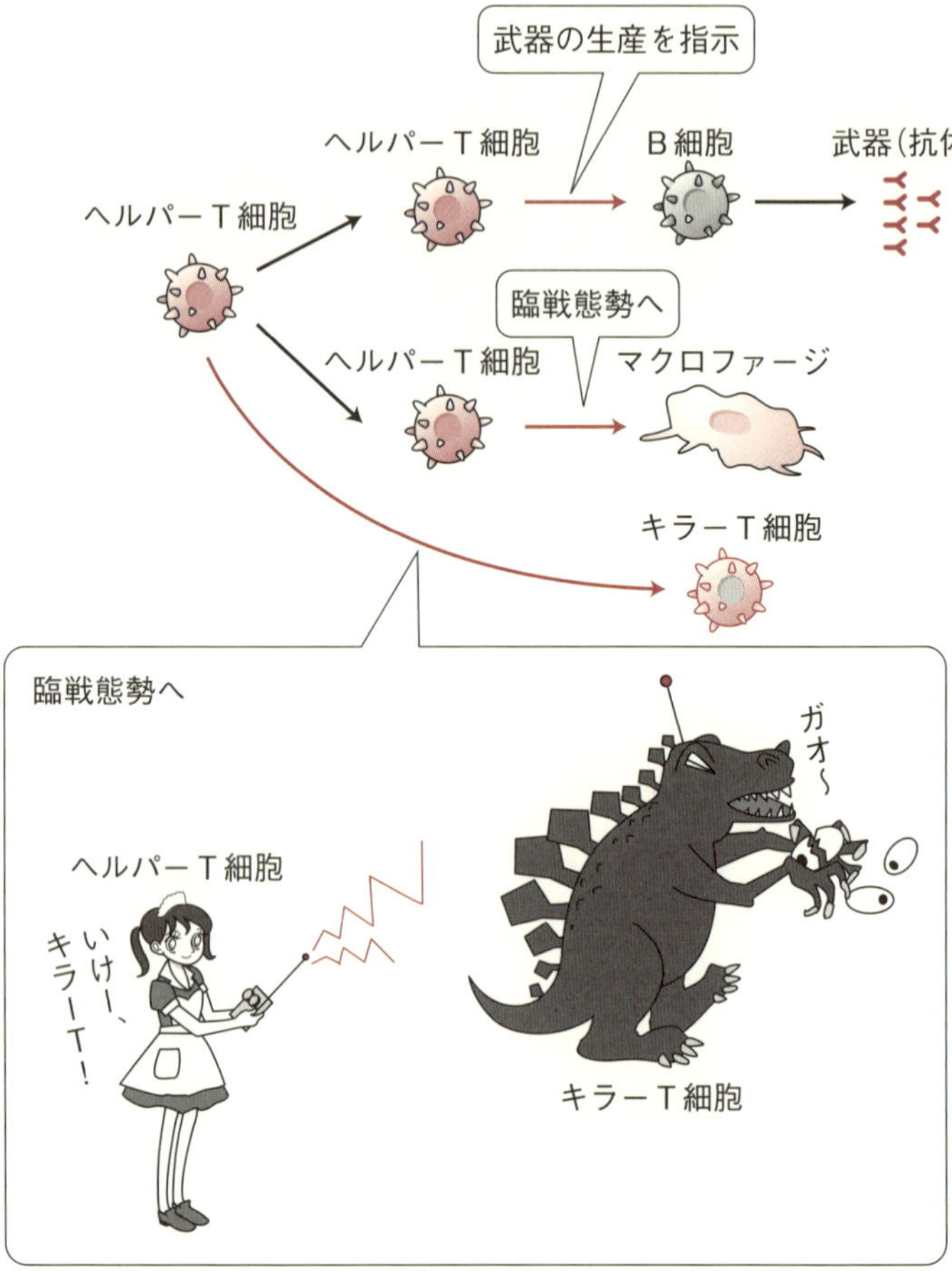
武器の生産を指示
ヘルパーT細胞
ヘルパーT細胞
B細胞
武器(抗体)
臨戦態勢へ
ヘルパーT細胞
マクロファージ
キラーT細胞
臨戦態勢へ
ガオ～
ヘルパーT細胞
いけー、キラーT!
キラーT細胞

図3-16
T細胞の機能

クロファージやキラーT細胞のような、最前線で敵と戦う細胞もヘルパーT細胞からのサイトカインを警戒警報と認識し、細胞の抵抗力を増強させたりして決戦に備えます（図3−16）。

指令に忠実な殺し屋――キラーT細胞

キラーT細胞はナチュラルキラー細胞と同様に、侵入した敵を倒すためには敵に同化された見方も容赦なく敵もろとも破壊する血も涙もない殺戮細胞です。自然免疫の項で紹介したナチュラルキラー細胞が生粋の殺し屋で、敵を発見すると誰からの指示も受けず攻撃を加えて破壊するのに対し、キラーT細胞はヘルパーT細胞からの指示によって殺戮細胞としての能力を発揮します。

マクロファージ、ナチュラルキラー細胞、キラーT細胞をまとめてキラー系細胞といいます。

3-10 免疫細胞はガン細胞にも立ち向かう

ガン細胞は本人の体を構成する正常な細胞の1つだったものが、何らかの原因で細胞分裂の仕組みに異常が生じ、細胞分裂が止まらなくなったものです。病原菌の感染などと根本的に違う点は、ガン細胞は自分自身だということです。

細胞がガン細胞に変化する要因は、一般によく知られている遺伝的因子のほかに、多くの物質や環境要因が定義されています。たとえば、アスベスト（図3-17）、カドミウム、六価クロムなどのいかにも有害そうな化学物質のほかに、新築住宅に入居した人に起きるアレルギー反応として知られるシックハウスの原因物質ホルムアルデヒドなどもあります。

しかし、これらは避けようと思えば避けることも可能です。ところが、同じ程度のリスクのある発ガン性を持つものとして、日本人の多く

図3-17
アスベストの電子顕微鏡写真
アスベストを退治するために集合したマクロファージは、アスベストを分解することができず死滅してしまいます。このときの免疫作用によるさまざまな物質の放出や、死滅したマクロファージから流出した物質によって、ガンが発生すると考えられています。
［写真提供／U.S. Geological Survey］

の人の胃のなかに住んでいる細菌であるヘリコバクター・ピロリも含まれています。最近は胃ガンの発症を抑えるためにヘリコバクター・ピロリの除菌治療も一般に行われていますので、この菌によるリスクも今では回避可能といえるかもしれません。また、発ガン性のある食品の代表であるお酒やタバコも、飲んだり吸ったりしなければ避けることができます。

ところが、ガンの危険性を評価する国際がん研究機関では、太陽の光に当たることも発ガンの原因だとしています。そのほかにも、使用する化学物質や、粉塵等の影響のある労働環境で働く職業に従事すること自体も、統計的には発ガンリスクであるとしています。

自然免疫と獲得免疫がタッグを組んでガンを退治

発ガンの原因はこのように身近に多数存在していますから、あなた自身を含め、身の回りの全員がガンを発症してもよいはずです。太陽の光も原因になると知っていれば、夏場に赤く日焼けした自分の肌を見れば、こんな状態では細胞の遺伝子が無傷でいられるはずがない、と誰もが感じるはずです。ところが、このような発ガン因子にさらされても、ほとんどの人はガンを発症しません。

では、体内ではガン細胞が誕生していないのかというと、そうではありません。もちろん私たちの予想どおり、ガン細胞は体内で発生します。でも、体にはそれを破壊する仕組みも備わっているために、両者のバトルによって、ある場合は発生したガンを抑え込むことができるのです。これも免疫の働きの1つです。

先ほど、自然免疫細胞のナチュラルキラー細胞がガン細胞を見分けて退治していることを紹介しましたが、ガン細胞の破壊に携わる免疫細胞はほかにもあります。

自然免疫細胞ではマクロファージ、獲得免疫細胞ではヘルパーT細胞が、ガン撲滅に主に活躍しています。つまり、自然免疫と獲得免疫が作用して冷血な殺戮細胞を総動員し、自分自身の細胞であるガンに対しても容赦なく立ち向かうわけです（図3−18）。

①

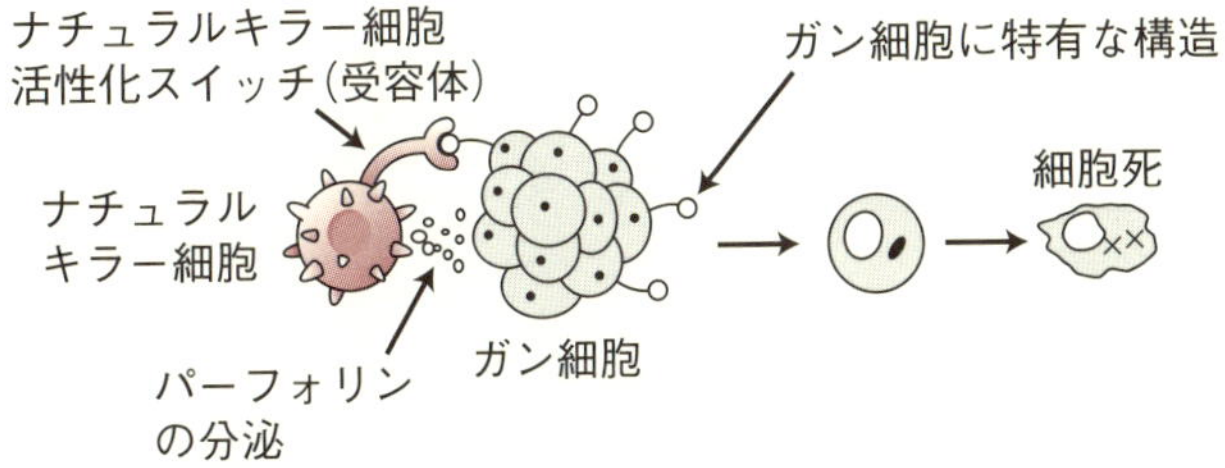

ガン細胞表面の特有な構造を認識し、それを持つ細胞に対してパーフォリンというタンパク質を放出します。パーフォリンは細胞膜に穴を開ける作用を持ち、穴の開いたガン細胞は死にます。

②

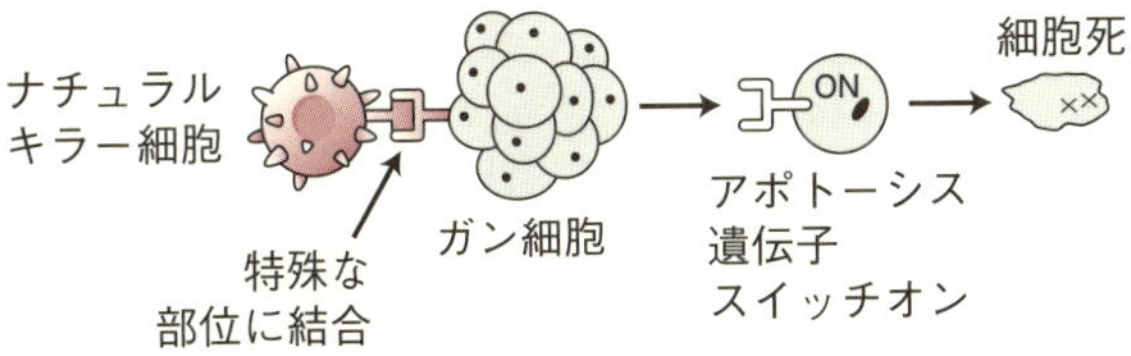

ガン細胞表面にはアポトーシスにつながるスイッチがついています。ふだんはこのスイッチは封印してありますが、ナチュラルキラー細胞はこれをオンにすることができ、ガン細胞内部でアポトーシス遺伝子を活性化させ細胞を自殺させます。

③

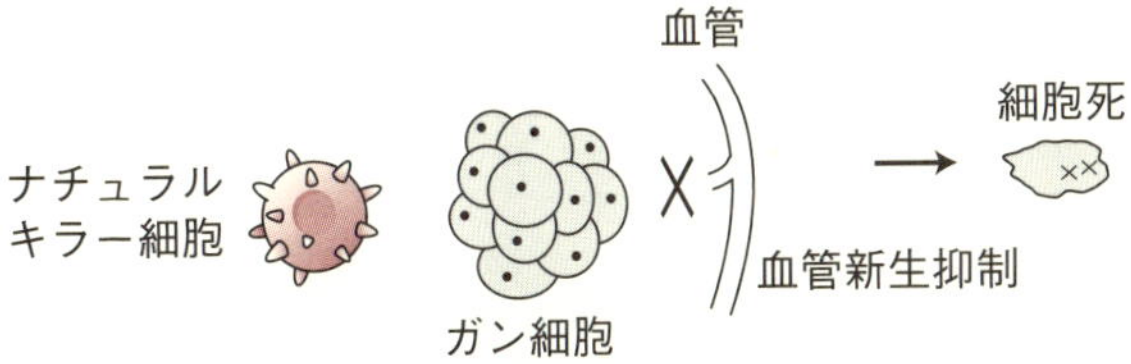

ガン細胞は栄養を大量に必要とするので血管を自分の元に引っ張ってくる血管新生作用を持ちます。ナチュラルキラー細胞はこの仕組みを妨害することによって血管新生を抑制し、ガン細胞を餓死させます。

図3-18

ナチュラルキラー細胞によるガン細胞破壊

ナチュラルキラー細胞によるガン細胞破壊の仕組みは主に3種類あります。

3-11 病気になることを予告する親切な自己抗体

自己抗体で病気を予防

免疫反応において、侵入者が抗原、それを認識する防御分子が抗体ですが、自己抗体とは、自分自身の組織や細胞を抗原として認識している抗体のことです。いくつかの疾患では、疾患と自己抗体の関係が解明されていて、その抗体の有無を調べることによって、細胞レベルで異常が生じていることを確認することができます。

たとえば関節リウマチでは、自分の関節や軟骨に対しても免疫による攻撃が行われます。その結果、関節や軟骨の組織が破壊され、悪化すると関節が変形して痛みを感じ始めます（図3-19）。

しかし、痛みを感じ始める前から、関節リウマチの患者からはリウマトイド因子という抗体が検出されます。したがって、疾患の可能性のある患者の血液を調べ、この因子があるかどうかを判定することにより、疾病にかかっているかどうかを確認することができます。

ただ、リウマトイド因子は反応の許容範囲が広いため、この検査が陽性であった場合、関節リウマチのほかに慢性関節リウマチ、肺結核、梅毒、ウイルス性肝炎、肝硬変などの可能性も同時に考えられます。逆に、関節リウマチであっても、リウマトイド因子検査が陰性になる場合も珍しくありませんので、診断には自己抗体を検出する血液検査とレントゲンなどが併用されることが多いようです。

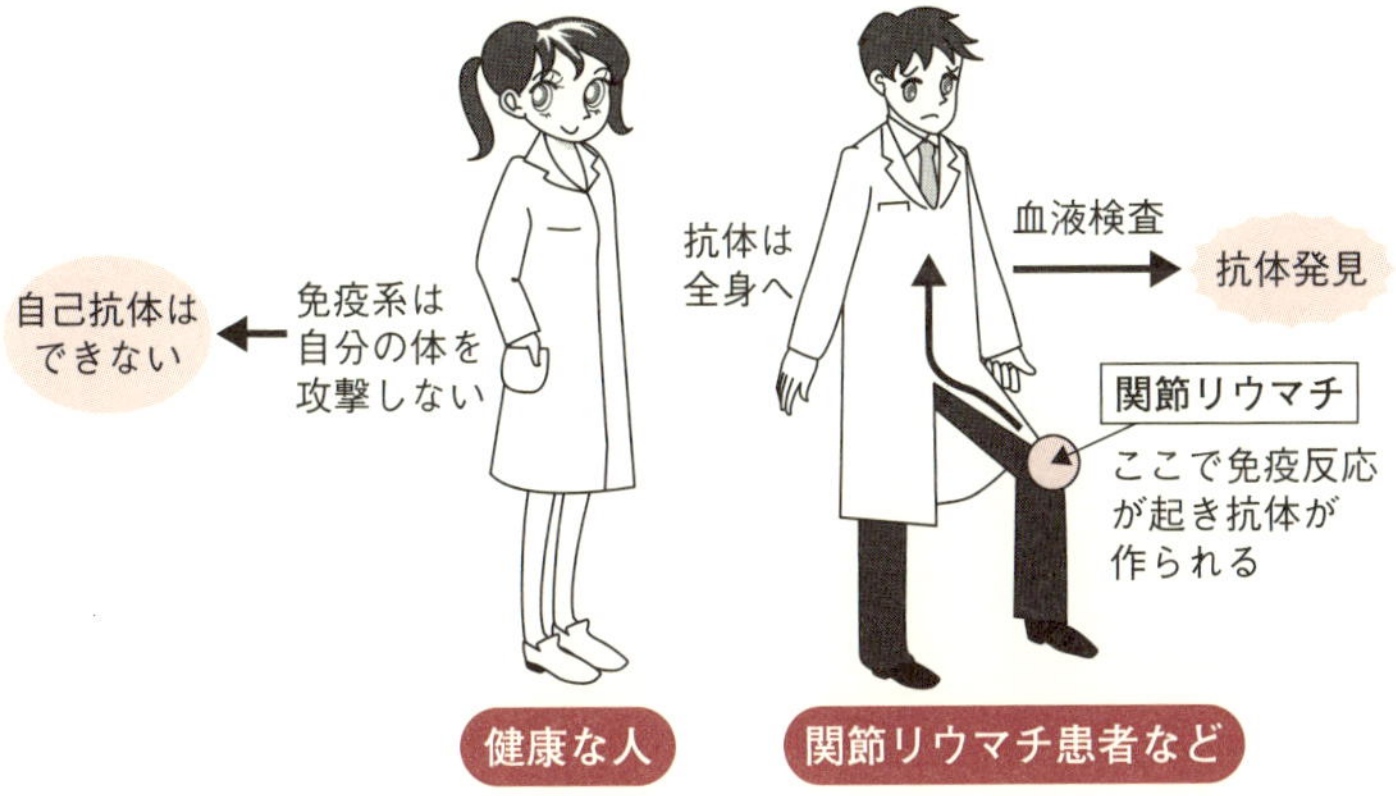

図3-19
自己抗体

3-12 自律神経と免疫の深い関係

免疫が弱すぎると容易に病原体の攻撃を受け、逆に過剰すぎると自分の細胞までも攻撃してしまい、自己免疫疾患やアレルギー反応が出ます。それを防ぐために免疫の強さを調節しているのが、意志とは無関係に体の機能調節に関わる「自律神経」です。自律神経は、呼吸、消化、吸収、循環、分泌、排泄などを自動的に調節します。自律神経には「交感神経」と「副交感神経」があり、通常は1つの器官に両方の神経が中枢から到達し、お互いに影響を及ぼしあいながら適切な機能を維持する二重神経支配というシステムが整っています。

2つの神経が1つの器官に到達しているのは、片方の神経の働きに対し、もう片方の神経がカウンターの役目をする仕組みになっているからです。ここでは、交感神経が緊張の神経で、副交感神経がリラックスの神経の役割となっており、体のホメオスタシスを維持するように両者がバランスを取って機能しています（図3-20）。

病気になるとこのバランスが狂い、子どもは副交感神経が優位になりやすいのですが、大人になると交感神経が優位になりやすくなります。成人の血圧が高くなるのは、動脈硬化のほか、交感神経が優位になる血管が収縮することも原因の1つであり、そのバランスは年齢や生活習慣などによっても変化します。

　また、神経調節と自然治癒力には時代背景も関わっていて、戦時下などで食べ物がない場合には、ストレスによって緊張の神経である交感神経が優位になり続け、抵抗力が低下するともいわれています。ほかにも、現代では職場の人間関係や学校でのいじめによってストレスが発生し、交感神経が優位になると、胃潰瘍になったりガンになったりするともいわれています。

そんなに買ったら
薬品買ったり
出張に行ったりする
お金がなくなるでしょ！
この装置も欲しい
この分析道具は便利そう
あれも、これも買おう
交感神経
カタログ
副交感神経
この2人のバランスがとれているから
研究がうまくいく

図3-20
実験室での交感神経と副交感神経

3-13 〝笑い〟の効果の科学的検証

笑いで免疫力アップ

ストレスが免疫に影響を与え、自然治癒力が低下する問題に対し、私たちはどうすればよいのでしょうか？　もちろん最もよいのはストレスをためない生活をすることです。しかし、今の時代に、それはかなり高度な要求でもあります。科学的にある程度根拠のあることを私たちのできる範囲で努力をするとなると、適度な運動や趣味、アロマセラピーなど、自分のお気に入りの行動を行うことによってリフレッシュをはかり、自分を癒すことが考えられます。しかし、趣味がなかったり、運動嫌いの人も多いでしょう。そんな人はどうすればよいのか？　ぴったりの方法があります。〝笑い〟です。笑いは、場合によっては免疫力アップに有効であると考えられています。

普通の動物は人間のように笑うことはありませんが、年の若いゴリラやチンパンジーなどの類人猿をくすぐると笑うことから、全ての類人猿に笑う能力があると考えられています。

研究の結果、笑うことによって、血液中のコルチゾール（図3−21）というホルモンの濃度が低下するらしいことがわかっています。コルチゾールには、肝臓でグリコーゲンの蓄積を調整したり、タンパク質や脂肪の代謝分解を調節したり、炎症を抑えたりする作用があります。コルチゾールはもともと変動の大きなホルモンですが、早朝起床時には増加し、夕方から夜半にかけて低下する日内変動もあります。ストレスを感じているときに増加することは有名で、最大ストレス時の血中濃度は、早朝安静空腹時に比べると20倍以上にも達します。

笑うことによってコルチゾールが低下するということは、ストレスが低下した状態に体が移り変わっていることを示しています。ですから笑うことは、非常に有効な免疫力アップの方法なのかもしれません。もちろん、このような科学的な難しい話を持ち出すまでもなく、毎日怒って過ごすのと、毎日笑って過ごすのでは、どちらが健康によいかといえば一目瞭然です。

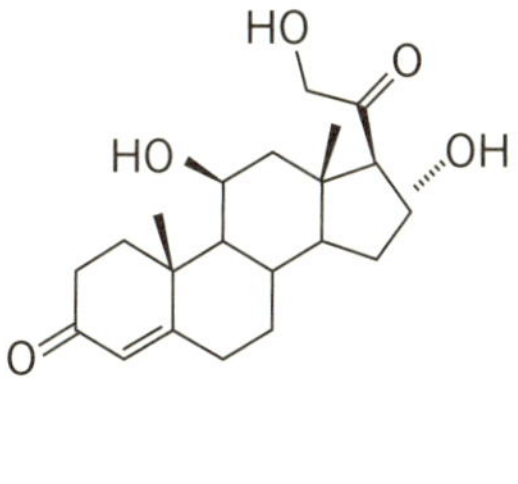

図3-21
コルチゾール

COLUMN コラム de キーワード② 免疫老化

T細胞も老化から逃れられない

免疫機能は加齢にともない、病原体に対する対応力が衰えたり、逆に過剰な炎症反応傾向が出たりするようになります。これを「免疫老化」と呼んでいます。

免疫老化の原因は、加齢にともなって著しく能力の低下したTリンパ球が増えることにあります。この低能力の加齢Tリンパ球は、もともと持っていたはずの獲得免疫に関する対応能力を完全に失い、かわりに通常のTリンパ球では機能していない、マクロファージなどの白血球の分化を司る遺伝子が活性化し、自然免疫の能力を獲得しています。したがって加齢Tリンパ球は、Tリンパ球が白血球へ逆行分化したような細胞です。

獲得免疫の最大の特徴の免疫記憶は、記憶T細胞が担っていますが、加齢Tリンパ球はこの記憶T細胞から生み出され、加齢にともなって蓄積しています。これ以外のTリンパ球は若い頃のTリンパ球と種類も機能も同等でした。

また、加齢Tリンパ球が、白血病の自然発症にともなって急速に生み出されることもわかっています。ガンを発症すると免疫が抑制された状態になることが知られていますが、どうやらその原因は、ガン細胞が記憶T細胞を加齢T細胞に変化させることにより、宿主の免疫老化を急速に促進している点にあるようです。

第4章

次々に発見される自然治癒と生体防御のシステム

4-1 自然治癒する人間の神経細胞

神経細胞も比較的活発に増殖をする細胞です。新たな記憶の定着や思考とも関わっていると推測される神経細胞の増殖を支えているのは神経幹細胞です。神経幹細胞は、脳の内部で記憶に関与している海馬の最も奥深い領域の歯状回（しじょうかい）や、思考や高度な脳機能に関わる大脳新皮質⑧で活動していることがわかっています。

海馬の神経幹細胞は、経験や学習することで活発に増殖します。1個の神経幹細胞が2個に分裂し、片方の1個はそのまま神経幹細胞として次の分裂に備えます。

もう片方は神経前駆細胞に変化し、さらに、周辺の細胞からの神経信号や増殖因子などの形で指令を受け取り、脳を構成する3種類の神経細胞である、**ニューロン**※、**アストロサイト**※※、**オリゴデンドロサイト**※※※のいずれかに分化します。

一方、大脳新皮質は、哺乳類で発達した脳の表面をシート状に覆う領域で、認識、運動、思考、記憶、意識などの高度な脳機能を司っています。これらの機能は大脳新皮質の場所によって機能が決まっていて、〝ここは認識に関与する細胞の場所〟〝ここは運動を司る場所〟と、領域を特定の機能ごとに分割して存在しています。

※複雑に結合して化学物質をやりとりすることにより、情報の入力と出力を行いあらゆる情報を処理する細胞。記憶や思考はニューロンの活性化によって行われています。

※※多数の突起が線維のように絡み合い、その隙間をニューロンが貫くことにより、ニューロンの立体的な構造を保持する細胞です。

このような領域が事故などで損傷を受けた場合、神経細胞が作り出される現象は以前から確認されていましたが、神経幹細胞が発見されたと発表されたのは2009年のことでした。大脳新皮質の表層にはL1−INP細胞と名づけられた神経細胞の予備軍（神経前駆細胞）が存在し、脳の血液が不足した脳虚血状態という、神経細胞がダメージを受けやすい特定の条件下で、神経細胞を生み出していることがわかりました。これは、虚血によって損傷した脳を補充しようとする一種の自然治癒であると考えられています。

神経細胞は表層で神経前駆細胞から誕生し、7〜10日をかけて新皮質内の深層に移動し、既存の神経系に組み込まれることが確認されています。

アメとムチ――交感神経と副交感神経のバランス

また、神経細胞については、役割を交代することによって、ホメオスタシスを守ろうとする働きがあることも明らかになっています。[9]

心臓の拍動の回数は、交感神経と副交感神経の作用のバランスで、心筋細胞の活動が調整されています。交感神経は心拍数の上昇や収縮力を高める作用を持ち、副交感神経はその逆の作用をします（図4−1）。

※※※ニューロンにまとわりつくことによって、情報の伝達を安定化させたり、ニューロンに栄養を供給したりします。

心臓疾患などにより、心筋細胞の能力が低下すると、低下しそうになる体内の血液循環を正常に保つために交感神経が興奮し、ノルエピネフリン（図4-2）と呼ばれるニューロンとニューロンの間の情報のやりとりに関わる物質が放出されて、心筋細胞にカツを入れます。

ところがこの状態が長く、慢性的な心不全状態になると、交感神経が盛んに働いているにも関わらず、ノルエピネフリンが生産される量が低下したり、生産されても細胞に利用される量が低下したりします。

これは一見矛盾する不思議な現象です。しかし、これは心臓を支配し

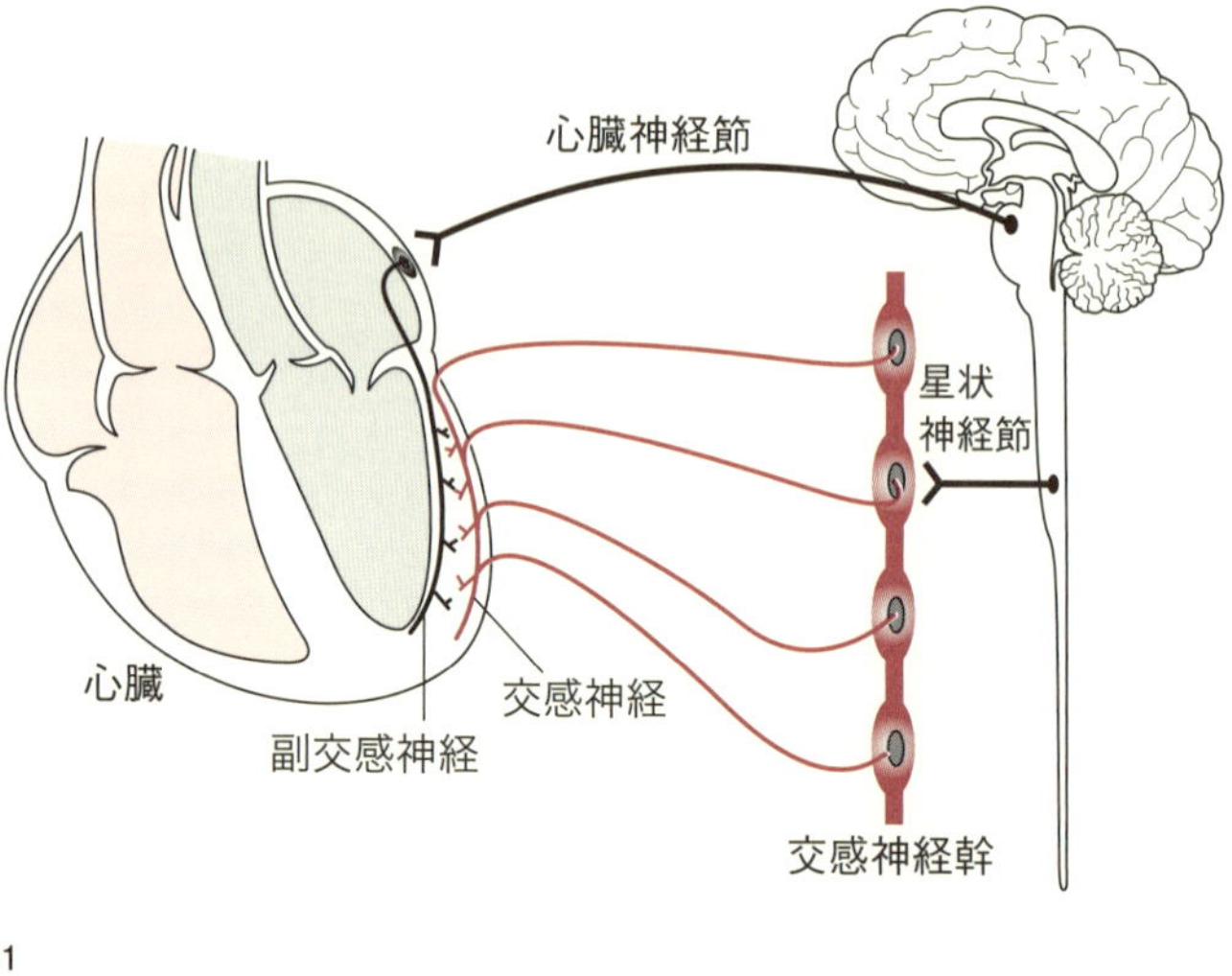

図4-1
心臓と神経系

ている交感神経が副交感神経に機能転換することによって、高い負荷のかかった心臓を保護し、寿命を延長させるという、驚くべき転身現象であることが明らかになっています。

神経細胞やそこから伸びる軸索などの構造は一切変化はないようですが、心不全状態では刺激を伝える物質だけが副交感神経と同様になり、それまでとは全く逆の作用を持つようになります。このような仕組みであれば、神経系の再構築などを必要とせずに、神経系の機能を180度切り替えることができます。

これは、疲弊した心臓にさらにムチ打つことによる被害の拡大を避け、疲弊した心筋を保護するための生体防御機構だと考えられますが、一方で低下した心臓機能を補おうとするホメオスタシス維持をわざわざ破壊しているようにも見えます。そこで、傷んだ心臓にさらにムチを打つのと、心臓機能が低下してでもムチを打つことをやめさせるのと、どちらが生物にとって有利かを確認する実験が行われました。

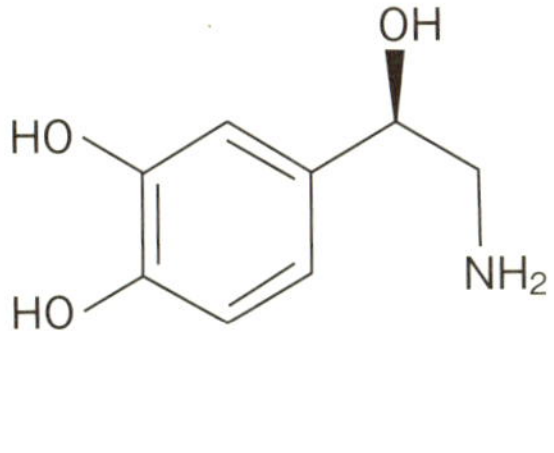

図4-2
ノルエピネフリン

交感神経の役目を副交感神経に替えるときに必要な遺伝子を破壊したマウスを、酸素の少ない状態で飼育することによって心臓に障害を与えると、このマウスの最大血圧や脈拍数、また心臓の収縮力が高く維持されていることがわかり、確かに交感神経が心筋にムチ打って、心臓の活動が高い状態で維持されているようです。

ところが生存率で見ると、交感神経を副交感神経に変化させることができないマウスは、普通のマウスの半分程度しか生存することはできませんでした。つまり、心筋の障害により心臓機能が低下したとしても、あえてその状態にしておいたほうが、生き残るという点からは有利であるらしいのです。

かつて、心不全の患者に対し、交感神経の活動を高める注射をして治療をしようとしていた時代がありましたが、当時からその効果は一定以上にはならず、生存率の改善にはつながらないことが知られていました。それはどうやら、このような仕組みが働いていたからだったようです。

4-2 単なる脂と思うなよ！脂肪細胞がガンを治癒

脂肪をためれば細胞も太る！

脂肪細胞は細胞内に多量の脂肪をため込むことができる細胞です。脂肪細胞が脂肪を蓄積し始めると、初期段階では細胞のなかに液滴のように存在する脂肪が、軒下を貸してもらったことに乗じて母屋を乗っ取った雨宿り人のごとく、しだいに細胞内で我が物顔に成長し、液滴同士が次々に融合し巨大化します。

どのくらい巨大化するかというと、もともとの細胞の大きさを超えて膨らんでしまうのです。そのため、細胞はふくらませ過ぎた風船のようにぱんぱんに巨大化します（図4-3）。細胞のなかは脂肪の入った袋でほとんどいっぱいになり、細胞を満たしていたはずの細胞質は、ふやけた麺でいっぱいになったカップラーメンのスープのように、すみのほうに、わずかに見えるだけになります（図4-4）。細胞核やミトコンドリアなどの細胞内小器官も、脂肪に圧迫されて形がゆがんでしまっています。

このようにして脂肪細胞が巨大化した状態が肥満です。体内がエネルギー欠乏状態になると脂肪細胞から脂肪が放出されます。いったん脂肪を蓄えた脂肪細胞が脂肪を放出してしぼむと、漿液性脂肪細胞と呼ばれるようになります。

意外な働き

脂肪細胞は、重要なエネルギー源である脂肪を蓄えるために存在している細胞だとシンプルに考えられていましたが、最近、内臓の周囲にある脂肪細胞はそれ以外のさまざまな機能を併せ持っていることがわかってきました。

その機能の1つとして発見さ

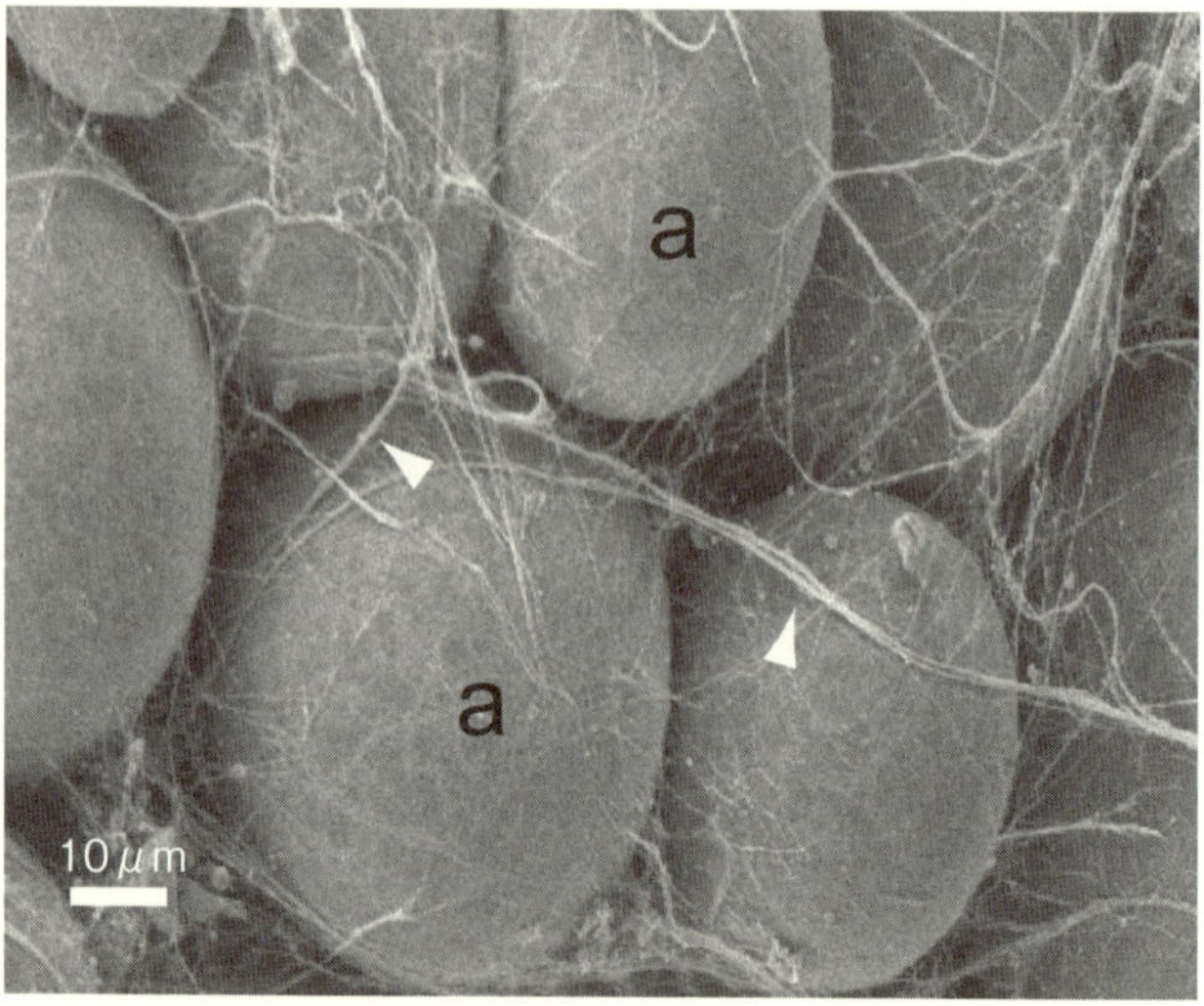

図4-3
脂肪細胞の電子顕微鏡写真
aと書かれた細胞が脂肪細胞、まとわりつくような細い糸はコラーゲン繊維。
［写真提供／Chun T., *et al.*, (2006)　Copyright © 2006, Elsevier］

れたのが、胃ガンを抑制する自然治癒作用です。この作用は、脂肪細胞がアディポネクチン（図4-5）というホルモンを分泌することによって行われます。

アディポネクチンは脂肪組織だけで作り出され、かつ脂肪組織が分泌する物質のなかで最も多い物質だとされています。なお、アディポネクチンは脂肪細胞が脂肪を蓄えるにつれて分泌量が減ってしまいます。そのため、脂肪細胞が脂肪を蓄え、その人が肥満になると低アディポネクチン血症という状態にな

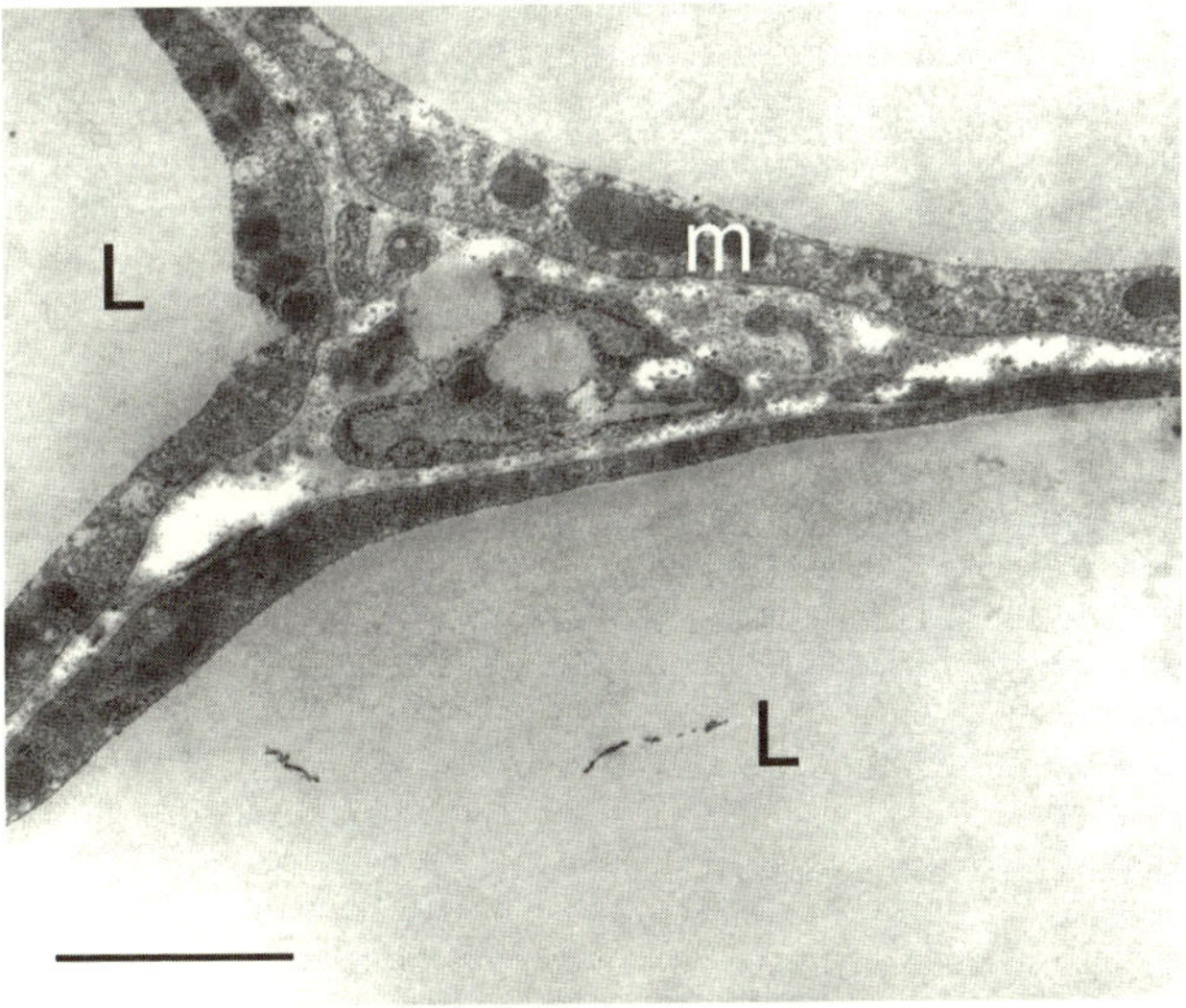

図4-4

脂肪細胞内部の電子顕微鏡写真

写真のなかのLが脂肪の油滴、mはミトコンドリア。白く見える壁のようなものが細胞膜で、細胞のなかでぱんぱんにふくれた脂肪によってミトコンドリアなどの細胞内小器官は押しつぶされそうです。

［写真提供／Chun T., *et al.*, (2006)　Copyright © 2006, Elsevier］

り、この状態はメタボリックシンドロームのきっかけと考えられています。ちなみにアディポネクチンには、血圧降下作用があることが以前から知られています。

アディポネクチンの効果を、マウスを使って実験してみました。

人間の胃ガン細胞をおなかのなかに移植したマウスを2群用意し、片方には人間のアディポネクチンを投与し、もう片方には投与せずに両者を観察しました。その結果、アディポネクチンを与えたマウスの胃ガン細胞

図4-5
アディポネクチン

は、体積にして7分の1にまで抑制されることがわかりました。

　肥満と脂肪細胞の関係から推測すると、肥満になっていない状態では胃ガンを治そうとする自然治癒力は、脂肪細胞から放出されるアディポネクチンによって機能しています。ところがメタボリックシンドロームになって血液中のアディポネクチン濃度が著しく低下すると、胃ガンを抑制する力が弱まってしまうようです。実際に胃ガン患者の血液中アディポネクチン量は、そうでない人より低下していることが確認されています。

　アディポネクチンが胃ガンを抑制する仕組みはまだわかっていませんが、胃ガンの薬として利用できる可能性があるため、そのメカニズムの解明が急がれています。

4-3 皮膚の外に、にゅ〜っと手を出す免疫細胞の発見

バリアの下から手を伸ばして異物をキャッチ

ものすごい倍率の顕微鏡で、あなたの皮膚のリアルタイムな変化を観察したとき、皮膚のすぐ下まで免疫系細胞の〝手〟がチョロチョロと出てきては、異物を捕まえている様子が観察されたらどう思いますか？　しかも、それが全身の皮膚内部でワラワラと行われていたとしたら……。正直なところちょっと気持ち悪いですね。でも、そんなことが現実に起きていることが明らかとなっています[10]。

皮膚は細胞が層状に積み重なっていて、大きく分けると、外側から表皮、真皮、皮下脂肪となっています。表皮はさらに、表面から順に角層、顆粒層、有棘（ゆうきょく）層、基底層の4層に分けることができます。

皮膚の細胞は幹細胞から生み出され外側に移動しつつその性質を変化させ、一番外側の角層は、死んだ皮膚の細胞同士が密着してできた強固な「タイトジャンクション」と呼ばれるバリア構造を持っています。

アトピー性皮膚炎はこの角層の異常によって皮膚が乾燥し、タイトジャンクションのバリア機能の損なわれている疾患です。バリアが弱いため、外来の有害物質（抗原）が体内に侵入しやすくなり、それに対する免疫系細胞の防御反応がアトピー性皮膚炎発症の要因である可能性が指摘されています。

侵入した異物を待ちかまえているのは、表皮に存在していて、異物の侵入をT細胞に知らせる役割のあるランゲルハンス細胞という樹状細胞の1種です。

皮膚を特殊な方法で処理して、皮膚のバリア機能とランゲルハンス細胞を同時に観察できる方法を開発し、免疫機能の動作を調べたところ、ふだんのランゲルハンス細胞は表皮の下層に存在し、休止状態にありました。

このときランゲルハンス細胞は、樹状突起を表皮の上層に向かって伸ばしているものの、その先端はタイトジャンクションより内側にとどまっていました。その状態のランゲルハンス細胞を活性化したところ、樹状突起が伸長し、タイトジャンクションを突き抜けて、角層の直下にまで到達することがわかりました。

さらにランゲルハンス細胞は、タイトジャンクションバリアの外側に出た樹状突起の先端から、外来抗原（つまり異物です）を取り込んでいました。このときタイトジャンクションは、樹状突起がうまく通り抜けられるように変化しつつ、バリアを損なうことはないようでした（図4-6）。

この仕組みは、角層を通り抜けてタイトジャンクション直前まで侵入してきた抗原を、タイトジャンクションより内部に侵入させない状態を保ちながら、ランゲルハンス細胞が抗原を捕らえられて、今後侵入してくる可能性のある抗原として免疫系が攻撃対象として認識する仕組みを成り立たせているものと思われます。逆に、ランゲルハンス細胞の気が早く、まだ侵入して来ないうちから抗原を捕まえる反応をしてしまうために、アトピー性皮膚炎が発症する可能性もあります。それらのバランスがどのように調整されているのかは今後の研究課題です。

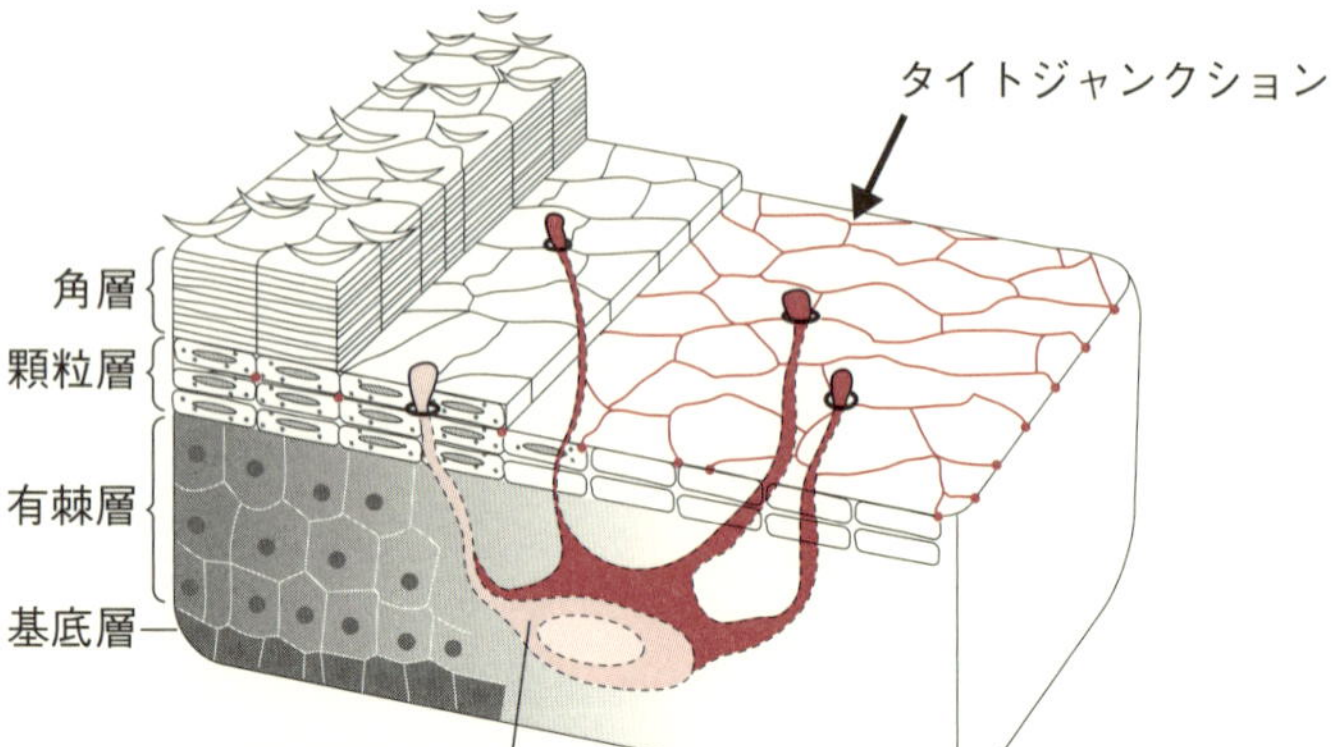

図4-6
皮膚のなかのランゲルハンス細胞の模式図

4-4 自分の遺伝子を自分の遺伝子による攻撃から守る

どこの世界でもいえることですが、概して敵は身近にいるものです。

生殖細胞の遺伝子の敵は生殖細胞の遺伝子のなかにいて、私たちはその攻撃から自分の遺伝子を守る能力を身につけていることが発見されています[11]。その敵とは「レトロトランスポゾン」です。

レトロトランスポゾンは、遺伝子配列のなかに多数存在する遺伝子配列の重複した部分のことで、転移する性質があります。「レトロ」とは「逆」という意味で、遺伝子配列は一般にＤＮＡからＲＮＡへコピーされますが、レトロトランスポゾンはさらにＲＮＡからＤＮＡに逆コピーされる性質があるため、遺伝子配列が別の部位へ入り込むことが頻繁に起きます。

哺乳類は、その歴史のなかでレトロトランスポゾンの攻撃を幾度となく受けていて、遺伝子のなかには、同じものが数十万個にも増えてしまっている配列も存在しています。このような重複のなかには意味を持つものもあるのですが、意味のない遺伝子配列が、なぜこのようにいとも簡単に重複されるのか、そのような機能が私たちの

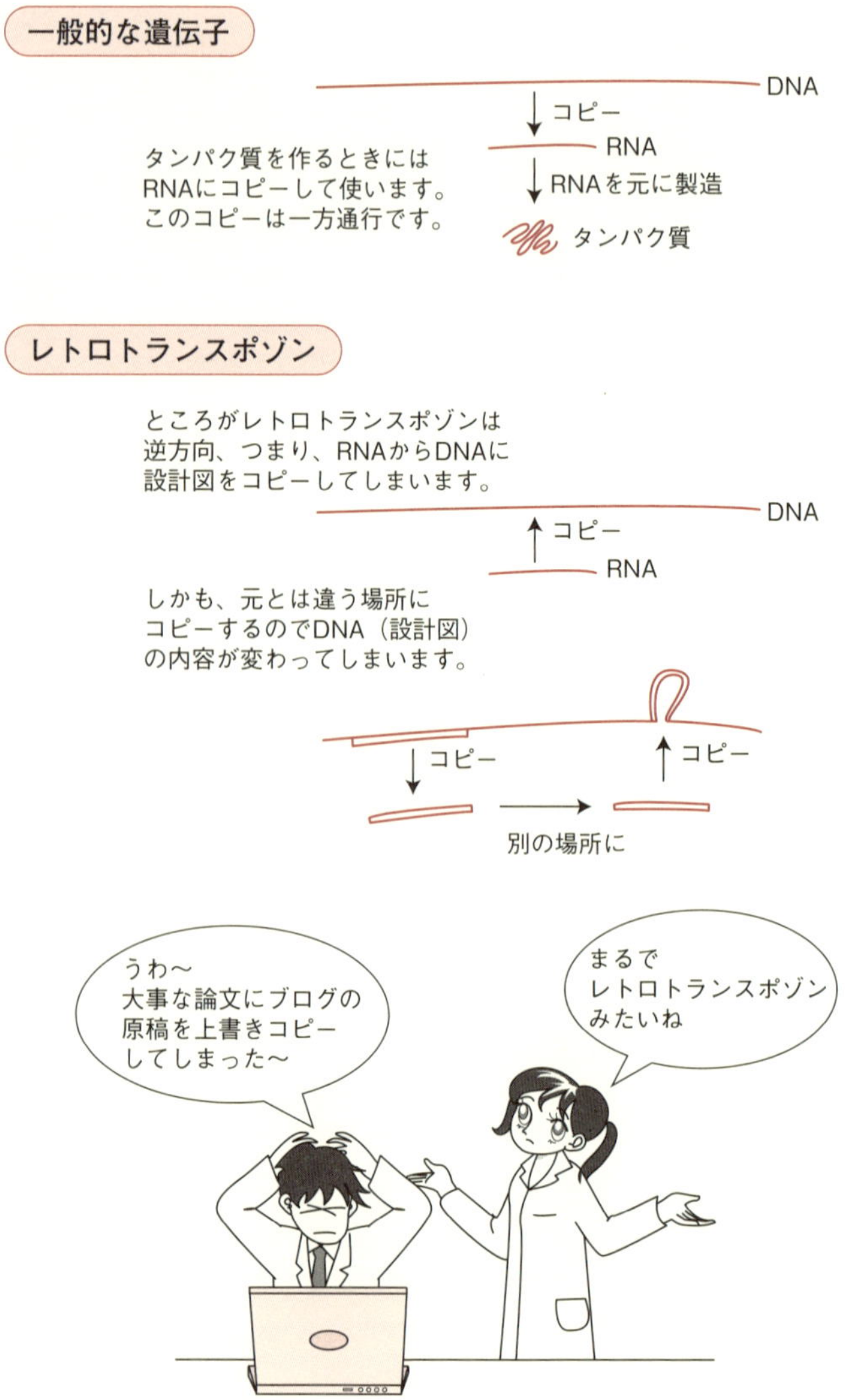
一般的な遺伝子
DNA
コピー
RNA
RNAを元に製造
タンパク質
タンパク質を作るときには
RNAにコピーして使います。
このコピーは一方通行です。
レトロトランスポゾン
ところがレトロトランスポゾンは
逆方向、つまり、RNAからDNAに
設計図をコピーしてしまいます。
DNA
コピー
RNA
しかも、元とは違う場所に
コピーするのでDNA（設計図）
の内容が変わってしまいます。
コピー
コピー
別の場所に
うわ～
大事な論文にブログの
原稿を上書きコピー
してしまった～
まるで
レトロトランスポゾン
みたいね

図4-7
レトロトランスポゾンによる逆方向コピー

体に備わっていることの意味は不明で、ＤＮＡがまるで自分の分身を増やすためだけに、私たちの遺伝子を利用しているように見えます。そのため「利己的ＤＮＡ」とも呼ばれます（図４−７）。

なぜこの行為が〝攻撃〟に相当するかというと、ＲＮＡからＤＮＡへ逆コピーされるときに、好き勝手な場所にＤＮＡを入れ込んでしまうため、重要な役目を担っている遺伝子配列を分断して破壊してしまうことがあるのです。すると、遺伝病が発生したり、もし、それが生殖細胞の場合は不妊につながったりします。

そのため、レトロトランスポゾンが安易に遺伝子に加工をしないよう、守護神のように存在しているのがＴｄｒｄ遺伝子群です。そのなかのＴｄｒｄ９遺伝子は、生殖細胞が生まれるときに機能し、Ｔｄｒｄ９を失っている雄マウスは不妊になります。

よく調べてみると、そのような雄の精巣では、ある種のレトロトランスポゾンが異常に活性化していて、大規模なＤＮＡの損傷が起き、雄生殖細胞は分裂のときにアポトーシス（細胞自殺）による著しい細胞死が起こり、成熟精子が全く形成されていなかったのです。このときＴｄｒｄ遺伝子から作り出されたタンパク質は、レトロトランスポゾンの行動を制御して生殖細胞の遺伝子を守っていることがわかっています。

COLUMN コラム de キーワード③　コラーゲン

コラーゲンでお肌ぴかぴかは実現する？

　コラーゲンは人間の体に含まれるタンパク質の3分の1を占める大多数派です。結合組織とも呼ばれ、骨、軟骨、腱、皮膚など全身に存在し、細胞と細胞の間の充填剤となったり、臓器の位置や形を保つ骨格の役目をしたりしています。かつては、単なる構造体と思われていましたが、今では細胞と積極的に接着する活性があることがわかっています。

　コラーゲン分子1つは、3本のタンパク質の鎖が螺旋状に絡み合ってできています。3本のタンパク質の遺伝子は、1つの遺伝子から3本が作られることも、異なる遺伝子から作られて1つのコラーゲンに合体していることもあります。その結果、コラーゲンには10種類以上のバリエーションがあります。

　ちなみにコラーゲンの分子量は30万もあって大きく、人体に吸収されにくい性質があります。したがって美容の目的でコラーゲンを飲んだり食べたりすることがありますが、コラーゲンがそのまま肌に移動して、お肌がぴかぴかになるようなことは決してありません。

第5章

脳や免疫系、心の作用による免疫システム

5-1 本当に病は気からか？

今でも「風邪をひくのは精神がたるんでいるからだ」と、ウイルス感染の被害者が精神論で叱られることはよくあることです。実際、仕事が暇になったとたんに体調を崩したり、定年退職したとたんに体が弱くなったりした方も多いでしょう。こういった方々を見ていると、病気・健康と気持ちの間には、科学では解明されていない何かがあって、不可分なものなのだろうなぁ、と思います。近代的な医学が誕生する以前は、今以上に、病気と心・精神の関係は密接であると考えられていました。

病が外来の有害物質が原因で発症することが初めて示されたのは1876年のことです。この年、ドイツの医師であり細菌学者でもあった**ロベルト・コッホ**※が、**炭疽**(たんそ)※※**病**(びょう)の研究の過程で、ある種の病気は原因菌によって発症することを発見しました（図5−1）。

その後、近代科学の発展と歩調を合わせて、さまざまな病気の原因が科学的に解明され、精神の状態が肉体を病気にすることはなさそうに思われました。

※1843-1910年。ドイツの医師で、炭疽菌、結核菌、コレラ菌を発見しました。

※※炭疽病は炭疽菌によるヒツジやヤギなどの伝染病で、家畜から人にも感染し、皮膚に黒いかさぶたのようなものができます。

しかし、現在の日本の社会のことを考えてみてください。不況・リストラ・就職難など、さまざまなストレスが現代人にのしかかっています。適度のストレスは人間の能力を最大限に発揮するために必要であるといわれていますが、過度のストレスが原因で心身にダメージを受けることがあることは明白です。

「精神神経免疫学」という学問が興ったのは、1970年代半ばです。精神神経免疫学とは、脳の働きと体の健康状態と免疫系が、お互いに影響を及ぼしあっているという考え方に基づいて、後述のプラセボ効果や心身症などについてそのメカニズムを解明したり、対処方法を開発したりしようとする学問です。

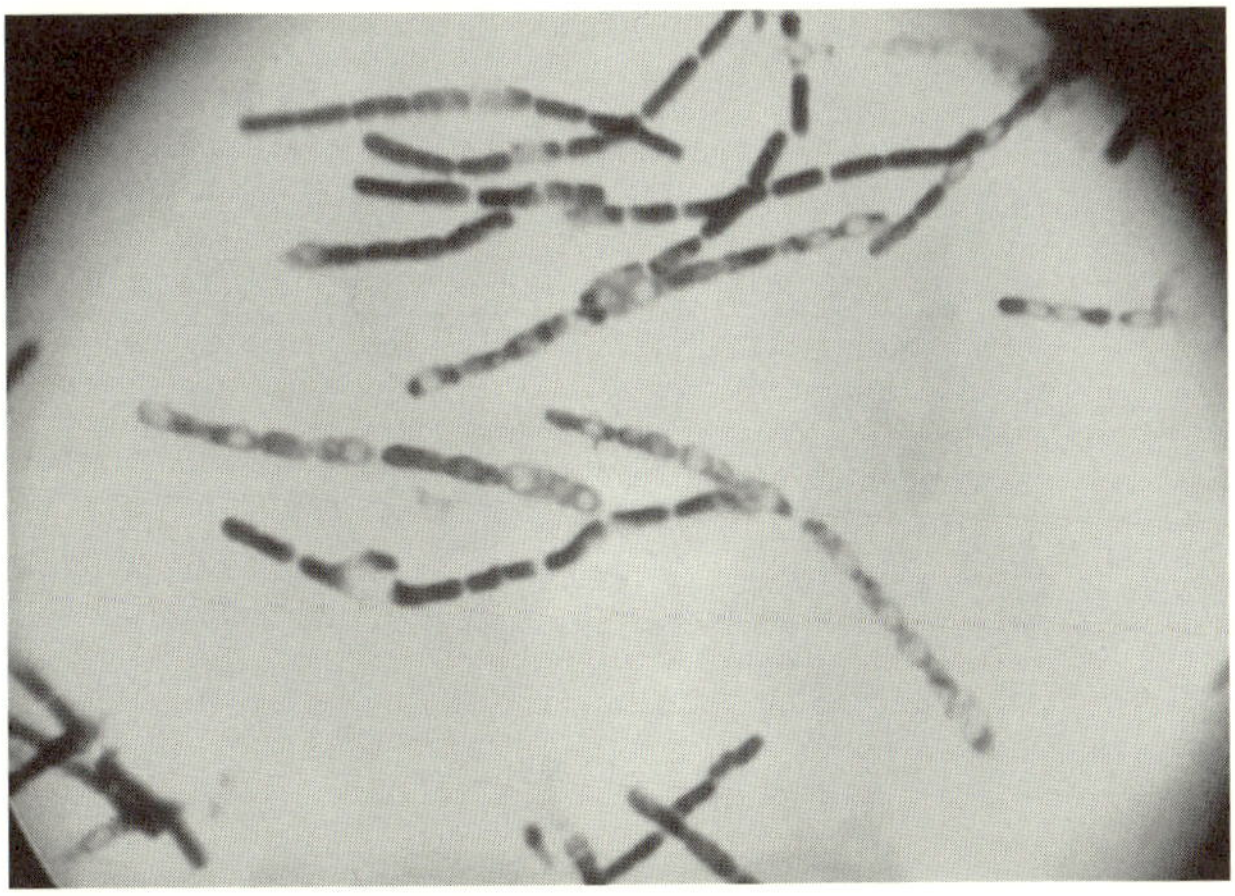

図5-1
炭疽菌（*Bacillus anthracis*）
［写真提供／Centers for Disease Control and Prevention］

5-2 ストレスと疾患の関係

ストレスは心身を疲弊させる負の存在です。ストレスを受けると脳内の視床下部周辺から「ストレスを受けていて、まずい状態ですよ」という情報をもったホルモンが分泌されます。すると、全身反応では落ち着きがなくなったり、キレやすくなったり、頭痛や腹痛などが生じたりし、さらに免疫系のような細胞レベルにも変化が生じます。

第3章で紹介したように、ナチュラルキラー細胞は体内に侵入した病原菌などを破壊する免疫系の細胞ですが、受験のストレスにさらされている学生のナチュラルキラー細胞活性は低下しているという報告もありますし、阪神淡路大震災の被災者は免疫力が低下していたという調査結果もあります。

ナチュラルキラー細胞の活性低下は、病原菌などの侵入に対する防御力を低下させ病気を発症しやすくしますし、ストレスを受けているなかで発症した病気は、心身が健康な状態のときよりも治癒しにくくなります。

ストレスの原因、これを「ストレッサー」といいます。自然治癒力を低下させるストレッサーは、細菌、疲労、飢え、睡眠不足、ケガなどのように生物的なもの、寒冷、騒音などのように物理的なもの、薬品やシックハウスのように化学的なもの、さらに生活上の不幸な出来事、経済的な不安、焦燥、不況、転居、進学、転職のように精神的なものや過密、そしてクリスマスなどのイベントのように社会的なものなどがあります（図5―2）。

さらに、ストレスは自然治癒力を低下させるだけでなく、病気を起こすこともあります。ストレスによるうつ病などの精神疾患は現代の社会問題となっていますが、そのほかにも、腹痛や頭痛、免疫力の低下による風邪やイ

図5-2
クリスマスも免疫力を低下させる原因の1つだった!?

ンフルエンザなど、さまざまな疾患の原因となります。

体の出す3つのSOS

ストレスによって私たちの体は、次の3つのような逸脱が発生します。

・神経伝達物質バランスの異常
・脳の記憶に関する機能の妨害
・ホルモンバランスの異常

ストレスによって生じるさまざまな体の異常は、これらの3つの要素に異常が発生することが原因となって、体が私たちにSOSを発しているのです。

神経伝達物質は神経細胞同士がやりとりする情報のことで、どのような神経伝達物質をどれくらいの量やりとりするかによって感情が変化し、私たちは興奮したり、穏やかな気分になったりします。

また、記憶や思考にも神経伝達物質は関わっています。この情報ネットワークは、このような知的反応だけではなく、心臓の鼓動を調整したり、血管の太さを修正したり、胃腸の消化活動なども司っています。

これらの無意識な臓器の活動は、交感神経と副交感神経の2系統の神経系で管理されています。交感神経と副交感神経については第3章でも紹介しましたが、両者はプラスかマイナスか、活性化させるか沈静化させるかの駆け引きを行いながら、臨機応変に臓器の活動度合いを調整し、私たちの体は健康に保たれています。

ストレスを受けると、2系統の神経のうち、プラス側の交感神経が勢力を増して不安定な状態に陥ります。すると、心臓の鼓動が早まってドキドキしたり、消化が抑制されることから食べたものがうまく吸収できなくなって栄養失調に陥ったり、下痢になったり、あらゆる体のバランスに異常が生じてしまいます。これを私たちは病気として認識します。

心理的なストレスを受け続けると、コルチゾールと呼ばれるホルモンが分泌されます。コルチゾールはもともとストレスに対する抵抗力を増強したり、炎症を抑制したりする作用を持つホルモンですが、必要量を超えて長期間コルチゾールにさらされると、神経細胞に異常が発生します。このような異常は海馬で発生し、記憶力へ影響が現れます。テスト直前に勉強に取りかかり、焦れば焦るほど頭に入らなくなるのは、こういうことが原因かもしれません。

5-3 プラセボ効果

信じていれば〝にせ物〟でも効く

「プラセボ」は、見た目には薬に見えるように作ってあるものの、中身は小麦粉や砂糖が詰めてあるだけの、薬としては何の作用もない錠剤のことです。これを何に使うかというと、新しい医薬品を研究するときに、その薬がどれほどの効果があるのか、本当に効果があることが確認されている薬と比較実験をするために使います。

動物実験で安全性が確認された新薬候補は、人間が実際に飲んで効果があるかどうかの判定を行い、効果があると認められたものだけが薬として使用されます。

人間での効果を確かめる試験を「臨床試験」といいます。臨床試験では、協力を承諾した患者さんが新しい薬を飲むのですが、何か比較対象がなければ、その薬がどの程度の効果があるものか判断がしにくいものです。そこで、患者さんをいくつかのグループに分けて、あるグループには新薬を、別グループには同じ病気を治療する薬として市販されている薬、あるいはプラセボを飲んでもらって比較します。

なぜ、プラセボを飲んでもらった人たちとの比較が必要かというと、薬を飲むという行為自体に心理的に症状を軽くする効果があり、それを排除した上で新薬の効果を正確に判定するためです。もし、病気の治癒が純粋に化学的な反応だけで行われているならば、薬を飲んでいなければ治癒はスムーズに進行しないはずですが、不思議なことに、プラセボは意外と効くのです。このような効果のないプラセボが効いてしまうことを「暗示効果」（プラセボ効果）といいます。プラセボ効果は筆者のような医薬品の研究者にとっては侮れず、ただの小麦粉が、長い年月と何十億ものお金をかけて研究した新薬と同じくらい効いてしまうという例もまれに存在※します。

プラセボ効果は、薬は病気を治すものだと知っているが故に起きる現象です。「この薬を飲めば治るんだ」と期待をして服用することにより、病気に対する心構えが積極的になり、それが、未だ解明されていない何らかの仕組みで脳の機能を活性化させ、免疫系の活性化や、病気の治療に効果のある物質の放出を促進するなどしているのかもしれません。

何にしても、体内の恒常性を保つさまざまな働きは、脳の指令の下に行われているわけですので、気の持ち方によってそれらの因子が制御されることは不思議ではありません。ただ、メカニズムがはっきりわかっていないだけのことです。

※そんなとき研究者たちは、苦笑しながら「小麦粉って、けっこう効くよねぇ〜」などといったりするのかもしれません（当事者にとっては笑い事ではないと思いますが）。

COLUMN コラム de キーワード④　受精卵と無重力

宇宙で繁殖するのに必要なものは？

1個の受精卵から生物ができあがる発生は、生物進化メカニズムの集大成ですが、この発生に意外な盲点があることがわかりました。

それが無重力です。

人類が宇宙へ続々と進出し、火星へ有人飛行でもしてみようかという21世紀、宇宙で人類やペットのネコが暮らし始めるのも決して夢物語ではなくなってきました。その際、決して無視できないのが繁殖の問題です。

そこで、宇宙空間が受精から発生のプロセスにどのような影響を与えるかを、独立行政法人理化学研究所の研究チームが実験で確認することを試みました。

この実験では、地上でスペースシャトルと同じ重力状態を作り出すことのできる装置で、マウスの体外受精および初期胚の培養を行い、さらにメスの子宮へ移植して、子マウスを生ませることを試みました。その結果、受精は正常に起きたものの、初期胚の成長速度はしだいに遅くなり、胎盤側へ細胞分化が抑制されるという傾向があることがわかりました。

子宮に移植した後、出産までに至る確率は、地上重力の約半分でしかありませんでした。この結果は無重力状態では私たちは子孫を残すことが難しいことを示唆しています。ですので、私たちが普通に暮らすには、SFアニメに登場するような、人工重力を持った施設が必須ということになります。

第6章

人間にはない動物たちの驚異の自然治癒

6-1 イモリやサンショウウオは、切った足も生えてくる

イモリやサンショウウオは手足を切断しても生えてきます。何度切断しても生えてきますし、一生その能力が衰えることはありません。これは有尾類と呼ばれる両生類の特徴です。両生類であっても、カエルなどの無尾類は完全な四肢再生能力を持っていません。一方、哺乳類であっても、指先をちょっと欠損した程度ならば再生されることもあります。逆にいえば、哺乳類ではこの程度が精一杯です。

まずは、イモリの切断された手足がどのように再生されるのかを見てみましょう。

イモリの足の再生の流れ

イモリの足を切断すると血が出ます。出血は人間の場合と同様に、血小板凝集によって止められ、その後、傷上皮（きずじょうひ）という皮膚のような細胞の層が傷口を覆います。傷上皮は切断面全体に半球をかぶせるように成長し、そのなかにはやがて足になる再生芽細胞という多能性幹細胞が現れます。傷上皮の先端は、特にアピカル・エクトダーマル・キャップ※（AEC）と呼ばれます（図6-1）。

※Apical Ectodermal Capです。わかりやすい日本語訳はありませんが、強いて訳せば「外胚葉（がいはいよう）性先端覆い（せいせんたんおおい）」でしょうか。

これとほぼ並行して、足と共に切断された神経が再生芽のなかに伸び始めます。この新たな神経は、再生芽のなかの細胞を四肢の形に作り上げる際に重要な役目を担っています。ただし、再生芽のなかで足になるのを待っている未分化細胞に対して、神経細胞が何をしているのか、神経細胞から何が分泌されているのかについては、まだ完全にはわ

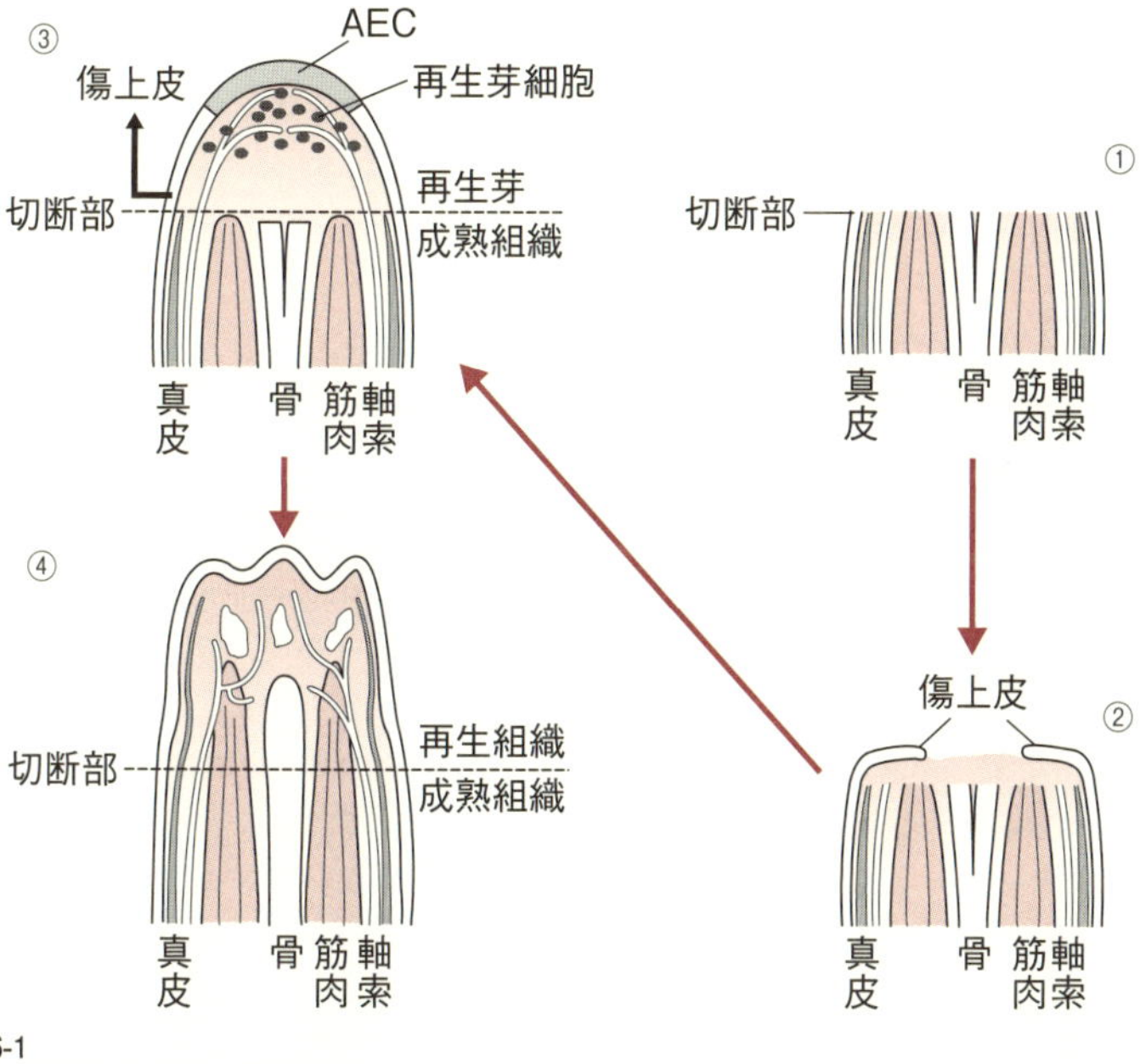

図6-1
再生芽形成と四肢の再生
①切断直後。②傷上皮が切断部を覆い、切断されたという情報を伝えられる。③再生芽の形成と神経系の侵入、および細胞の脱分化。④四肢を形成する各組織のパターン形成と脱分化細胞からの四肢の再生。

かっていません。

確実なのは、**線維芽細胞増殖因子**（**FGF**※）と呼ばれる小型のタンパク質（ペプチド）の分泌です。FGFの役目は、さまざまな細胞の増殖を促進することです。名前だけ見ると線維芽細胞の増殖だけに関わっているように思えますが、これはFGFが発見されたきっかけが、線維芽細胞への作用だったためです。さらに、サンショウウオのAECで活性化している遺伝子を探したところ、こちらでもFGFが見つかっています（図6-2）。

そのほか、再生芽のなかに侵入した神経細胞からは、トランスフェリンというタンパク質が分泌されています。トラン

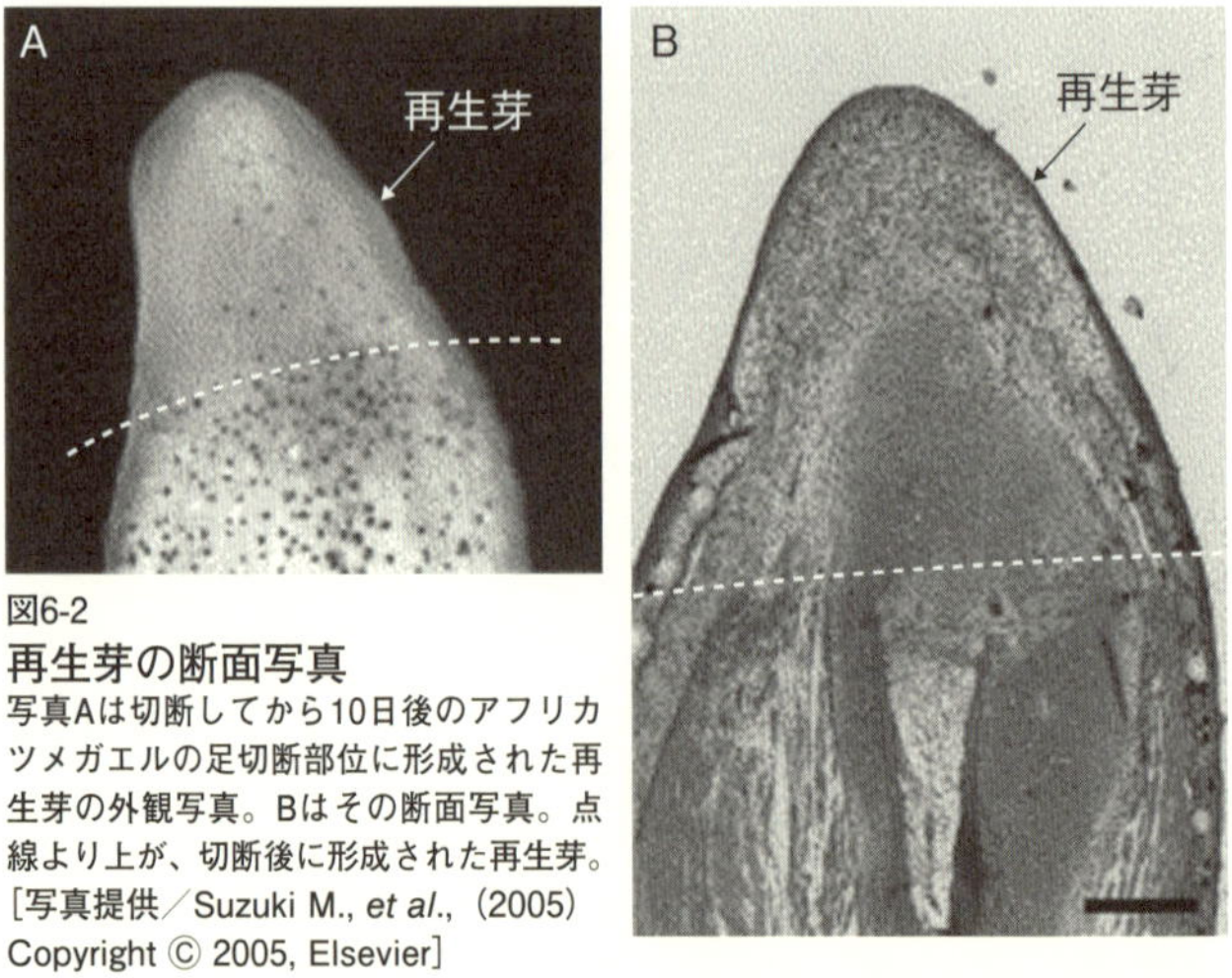

図6-2
再生芽の断面写真
写真Aは切断してから10日後のアフリカツメガエルの足切断部位に形成された再生芽の外観写真。Bはその断面写真。点線より上が、切断後に形成された再生芽。
［写真提供／Suzuki M., *et al.*, (2005) Copyright © 2005, Elsevier］

※FGF：Fibrobrast Growth Factorの頭文字です。

スフェリンは鉄と容易に結合する性質があり、血液や細胞と細胞の間の体液の流れに乗って、細胞に鉄分を供給する役目を担っています。また、トランスフェリン自身に、細胞の増殖を活性化する作用も見つかっています。

傷上皮自体も単なるカバーではなく、再生芽に必要な物質を供給しているようです。傷上皮内部では、受精卵から手足が形成される際に機能しているのと同じ遺伝子が活性化していることがわかっていますので、手足の再生は手足の発生と同じメカニズムで行われているようです。

何が再生のカギなのか?

AECに詰まっている再生芽細胞が、もともとどのような細胞だったのかは、まだよくわかっていませんが、組織の由来としては切断部分の真皮や軟骨、筋肉の細胞が脱分化、つまり、一度は失った**多能性**※を回復したものです。

しかし、骨は四肢再生には関係ないようです。というのも、あらかじめ骨を除去した足を切断し、その再生がどのように行われるかを観察したところ、切断部分に骨がなくても、そのなかの骨も含めて正常に足の再生が行われたからです。

ところが、神経細胞を除去すると四肢の再生は行われません。とはいえ、神経細胞

※多能性についてはすでに第2章で紹介したとおり、ある細胞が、いろいろな臓器や組織の細胞に変化する能力のことです。たとえば骨髄幹細胞は多能性を持っていますので、赤血球や白血球に変化しますし、神経幹細胞はニューロンなどに変化します。

が再生芽細胞に変化するわけではないようです。

再生芽細胞の供給元として最も活躍しているのは、皮膚の下に存在している真皮などを含む結合組織と呼ばれる細胞群つまり、線維芽細胞です。線維芽細胞は手足を再構成する際の細胞供給の主役で、再生芽に含まれる細胞の少なくとも20％、最高で80％程度が線維芽細胞に含まれる真皮由来の細胞です。

皮膚は表皮と真皮からできていますが、再生のミスで手の根本から別の手が生えてくる過剰肢（かじょうし）という現象は、皮膚細胞の移植によって誘導することができることから[12][13]（図6-3）、皮膚細胞は再生芽細胞の供給だけではなく、体のどの部分に何を作るかという情報の管理と、その実行にも関わっているようで

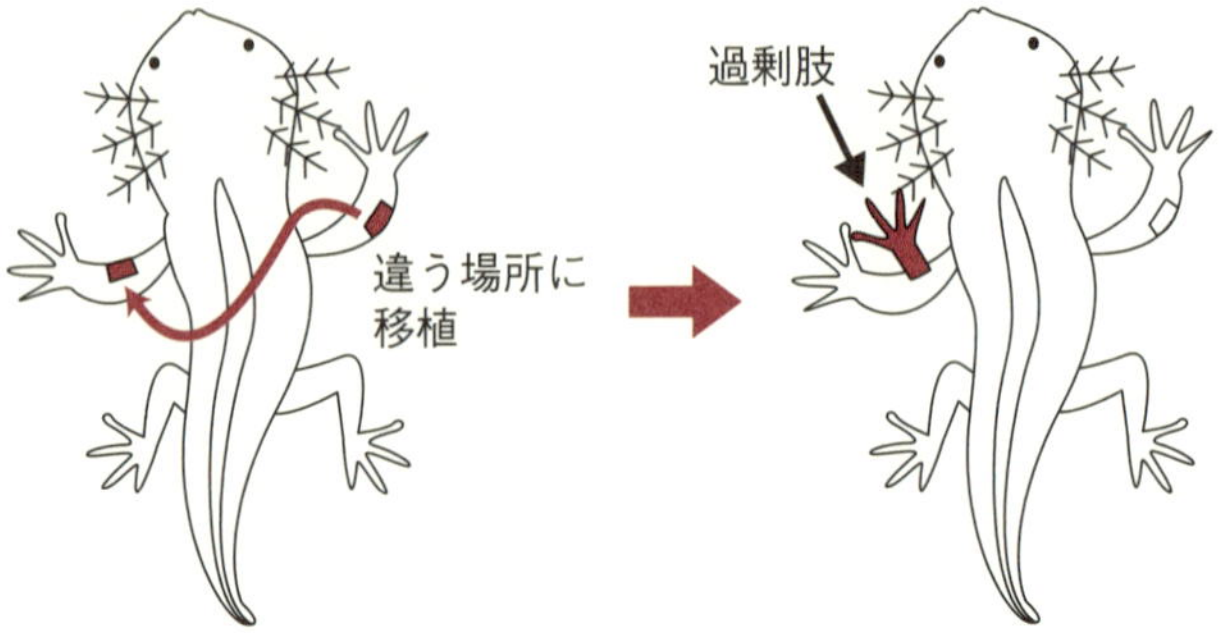

図6-3
皮膚を異なる場所に移植して形成される過剰肢
メキシコサンショウウオの皮膚を切除し、別の場所に移植すると場所情報が不連続となり、それを正しく修正するように再生が行われ、結果として過剰肢が形成されます。

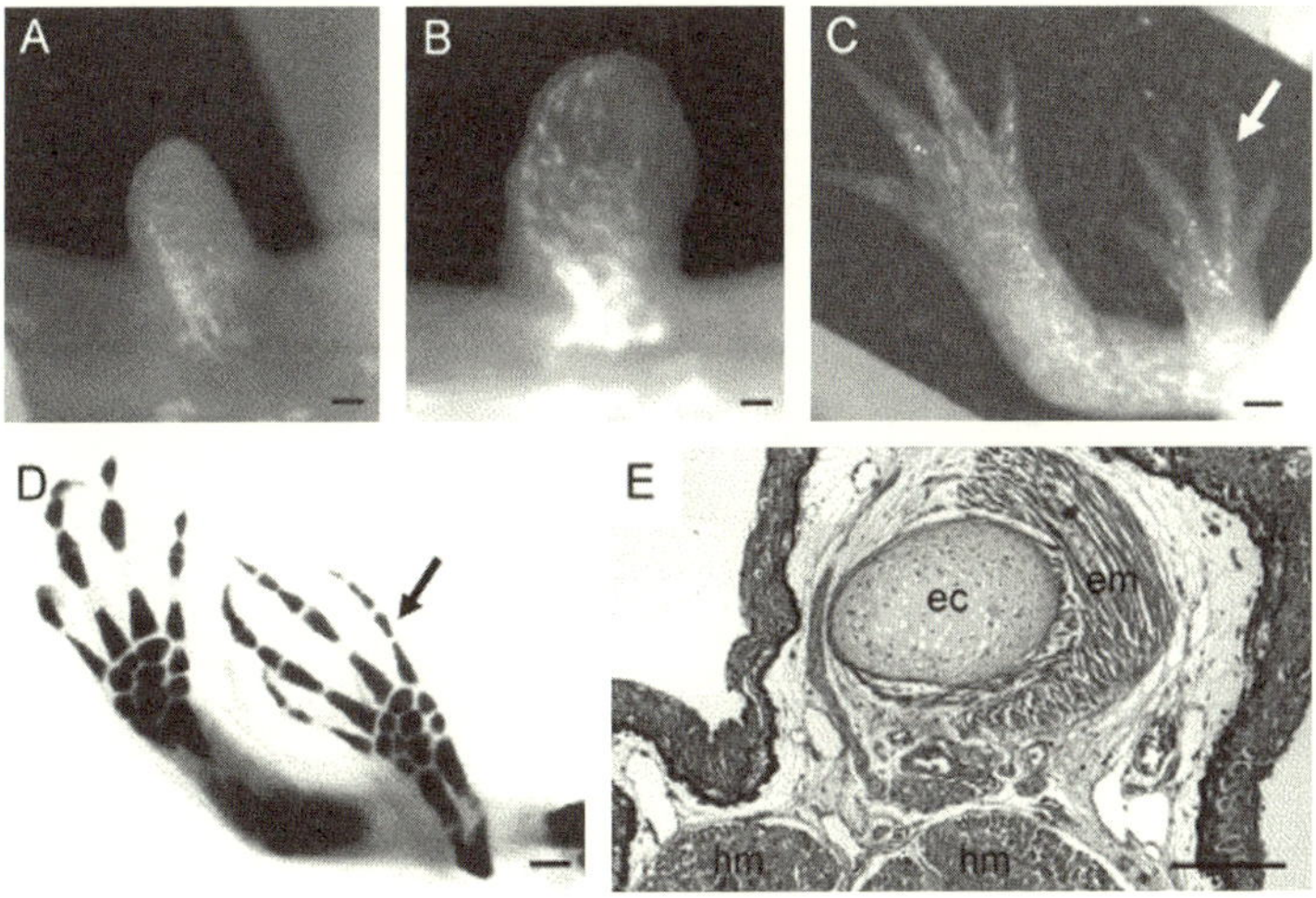

図6-4
メキシコサンショウウオの皮膚移植で形成された過剰肢
過剰肢の外観とレントゲン写真。矢印が過剰肢。皮膚移植からの経過日数は、写真Aは17日目、写真Bは28日目。54日目の写真Cでは指も完全に形成されています。写真Dは皮膚移植から5ヶ月後に、骨に付着しやすい青色色素で染色した写真。矢印が新たに形成された過剰肢ですが、本来の足と何ら変わらない骨格が再生されていることがわかります。写真Eは28日後の再生芽の断面写真。ecは軟骨、emは新たに形成された筋肉。hmは切断前から存在していた筋肉。28日後の外観はまだ細胞の塊のようですが、内部では骨や筋肉が形成されていることがわかります。
［写真提供／Endo T., *et al.*, (2004)　Copyright © 2004, Elsevier］

す（図6-4）。

人間とイモリの違いは、ほかの細胞の脱分化を誘導する能力があるＡＥＣが形成されるかどうかにあるようです。つまり、再生芽細胞と呼ばれる細胞群は、筋肉だけでなく、皮膚や、骨や、そのほかのあらゆる手足に含まれる細胞に変化する能力を持っていて、ここから手足が新しく作り出されるのです。

再生芽細胞が増殖し、手足を構成する細胞に規則正しく分化するためには、神経細胞からの何らかの指令（分泌物）が必要だと思われますが、どのような物質が手足の再生を指示しているのかはまだわかっていません。哺乳類の骨細胞や皮膚細胞など、手足の形成に必要な細胞を混ぜ合わせても決して手足は完成しないことから、この何だかわからない謎の因子が四肢再生の鍵を握っているはずなのです。

細胞は自分の居場所を知っている？

一見あたりまえのことですが、もう1つのおもしろい点は、手を切断すれば手が生えて、足を切断すれば足が生え、肘から先を切断すれば肘から先が再生されるということです。四肢再生の必然性から考えれば、そのように元どおりにならなければ、せっかくの再生の価値も半減ですが、どこで切断しても、細胞が詰まったＡＥＣが形成されて、そこから手足が生えてくるという現象は同じであるように思えます。ということは、再生芽細胞が自分の居場所を記憶しているということです。

つまり、肘先で切断された場合で考えると、切断面の真皮や筋肉の細胞は自分が肘先にいることを知っていて、その記憶を持ったまま再生芽細胞に脱分化しているようです。

実験で、まず、手首

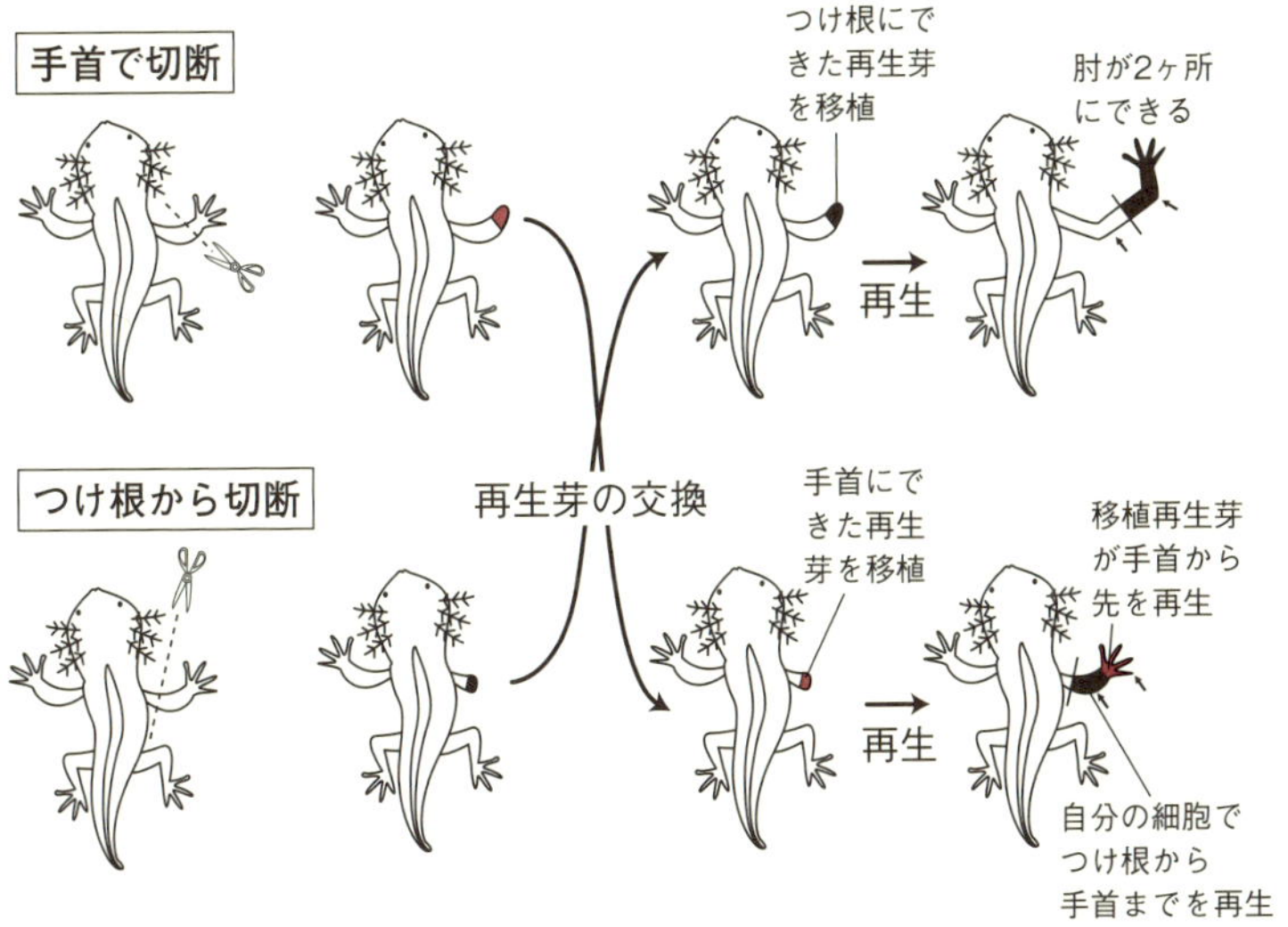

手首で切断
つけ根にできた再生芽を移植
肘が2ヶ所にできる
再生
再生芽の交換
つけ根から切断
手首にできた再生芽を移植
移植再生芽が手首から先を再生
再生
自分の細胞でつけ根から手首までを再生

図6-5
メキシコサンショウウオでの切断場所の違いと再生方法の違い
2匹のメキシコサンショウウオの前肢を1匹は手首で、もう1匹はつけ根で切断します。再生芽が形成されるのを待って、できた再生芽を入れ替えます。すると、手首で切断され、つけ根からの再生芽を移植された個体（上図）は、再生芽が元の個体のつけ根から先を再生するため、肘が2ヶ所ある個体となります。つけ根で切断され、手首から先の再生芽を移植された個体（下図）は自分自身の細胞でつけ根から手首までを再生し、移植された再生芽の細胞で手首から先を再生します。

部分で切断し、再生芽が形成されるのを待ってみました。そして、できあがった手首から先の再生芽を、別の個体で切断した上腕部に移植すると、上腕から手首までは移植を受けた個体の細胞による再生が行われ、手首から先は移植された再生芽によって再生が行われました[14]（図6－5）。

また、ひとたび形成された居場所の記憶は再生芽細胞になってしまうと、場所の移動が生じても情報は更新されることはないようです。というのも、たとえば、手首を切断して、そこに形成された再生芽を足首の切断部位に移植すると、足首から手首が生えてしまうのです。このことは、再生芽が古い記憶を持ったままであることを示しています。

手足の再生は、何らかの促進物質の作用で筋肉細胞など周辺細胞の脱分化が行われ、あとは受精卵から手足が生える過程を繰り返しているように見えます。そのとおりであるならば、そのメカニズムは非常にシンプルであり、人間でも同様の再生現象が起きてもよいはずです。それなのに、なぜ、有尾類以外のほとんどの生物は、手足の再生という誠に便利で、子孫を残す上でも有利と思われる仕組みを失ってしまったのか、大きな謎です。

6-2 イモリは眼球も再生する

手足も再生されると助かりますが、目も再生できると非常にありがたい組織です。でも、ありがたいとは「有り難い」、つまり「滅多にない」という意味でもあります。ところが、人間では完全には再生できない目もイモリは再生してしまいます。

目の構造

目を構成する主な構造体は、外側から順に角膜、水晶体（レンズ）、硝子体、網膜、視神経です（図6-6）。

眼球は眼球壁というボールの皮のような組織で包まれていますが、眼球壁のうち外部に見えている部分を角膜といいます。水晶体（レンズ）は光を屈折させ網膜上に像を結ぶ組織。網膜は光を感じ取る視細胞が並んだ組織。そして、視神経が視細胞の反応を脳へ伝えます。

眼球の断面図を見たときに、最も大きな面積を占める硝子体は、網膜、毛様体、水晶体に囲まれた硝子体腔を満たすゲル状物質です。硝子体の役割は水晶体を透過した光を網膜に導くことと眼球内圧を維持することで、99%は水で、残りはコラーゲンとヒアルロン酸でできた保水のための網目構造成分です。

角膜の再生

外側から順に見ていきますと、角膜は目を保護することが重要な役目です。外部にさらされていますから、もともと傷つくことが想定されているのでしょう。人間でも幹細胞が存在していて、再生が可能な組織です。角膜は目の組織のなかで最も敏感な部分で、入ってきた光を濁らせることなく、正確にレンズへ通過させなければなりません。角膜細胞を作り出す角膜上皮幹細胞は、角膜を丸く縁取るように角膜輪部と

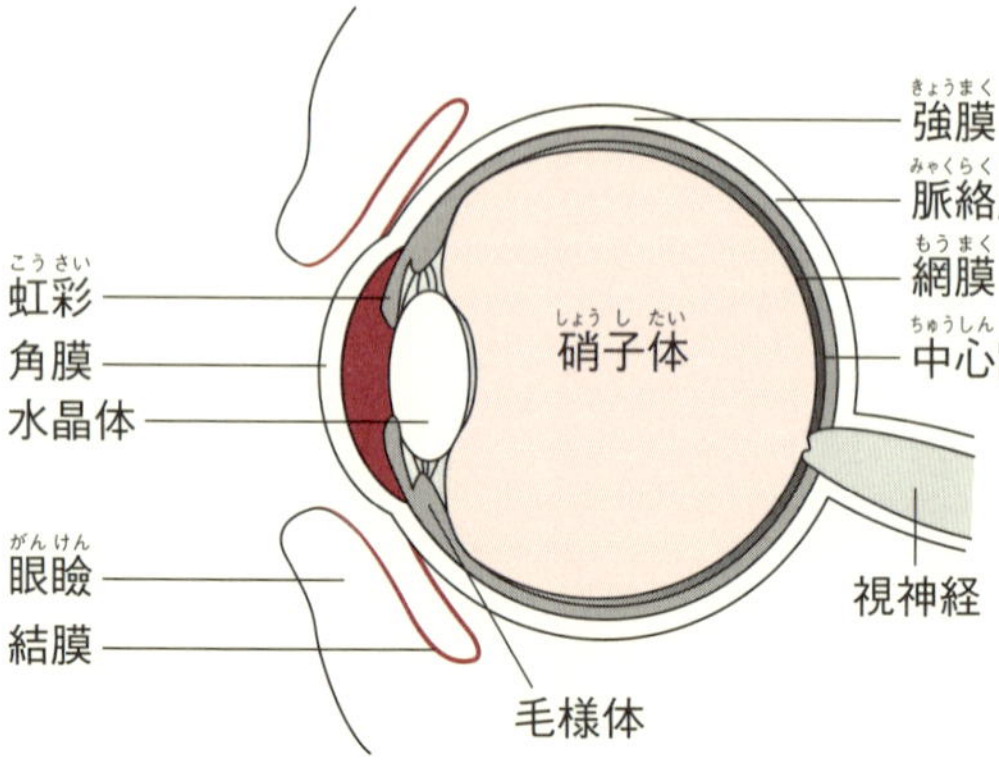

図6-6
目の断面図と各部位の名称

呼ばれる角膜の外周に存在し、結膜との境界を形成しています。目が傷ついたとき、幹細胞が存在している角膜輪部が失われると、自然治癒能力も失われてしまいます。そのような事態に陥ったときは、特殊な方法で角膜全体を移植しなければなりません。しかし、角膜輪部が残存していれば、角膜上皮幹細胞から作られた角膜細胞は甲状腺ホルモンの働きで脱水され、透明な角膜となります。

水晶体の再生

次は水晶体（レンズ）です。水晶体の再生は、目の再生が得意なイモリでよく調べられています。

水晶体が再生されるときに活性化している遺伝子が存在する場所が水晶体の再生を行っている場所だと考えられます。そこで、それがどこにあるかを調べたところ、角膜と水晶体の間の、虹彩（こうさい）と呼ばれる収縮性のある隔壁構造の、水晶体側の細胞が該当することがわかりました。虹彩は透明度の低い普通の細胞ですので、ここから水晶体が生み出されるということは、すでに組織として分化した細胞が、脱分化した上で、さらに透明になってしまうという非常に強力で複雑な再生能力です（図6-7）（図6-8）。

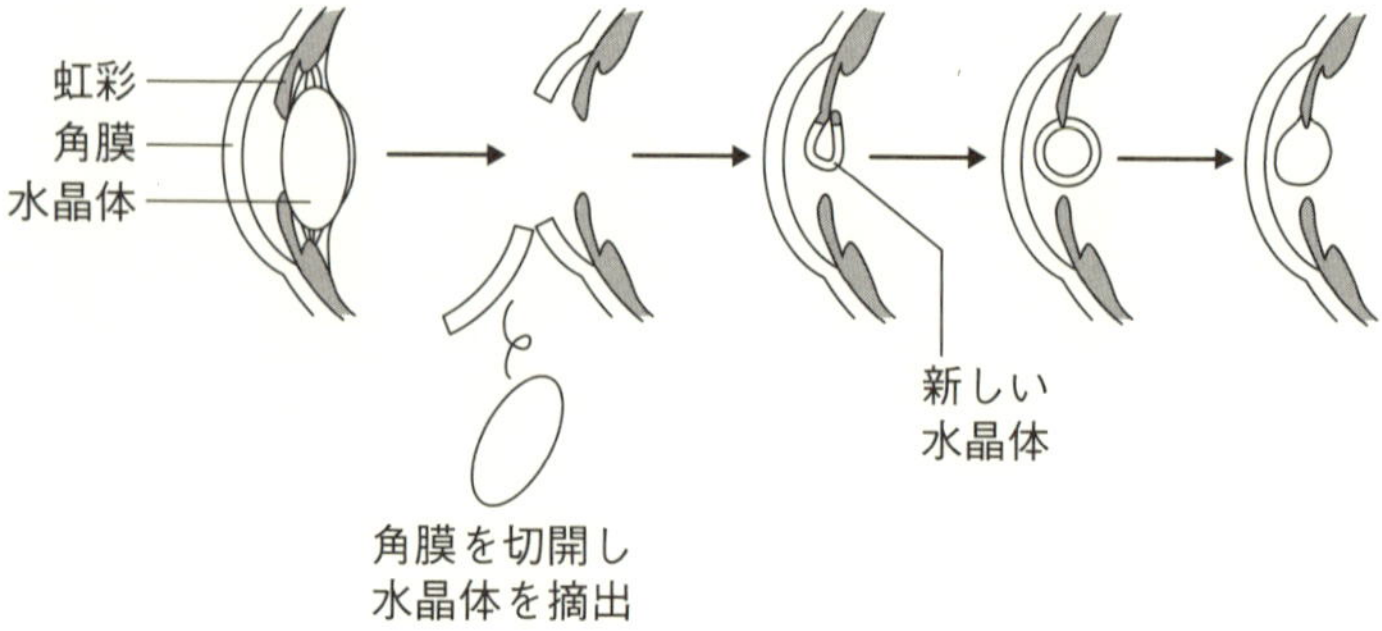

図6-7
水晶体の再生
角膜を切開し水晶体を摘出すると上側の虹彩の色素上皮細胞がレンズ細胞へ分化し、再生が行われます。

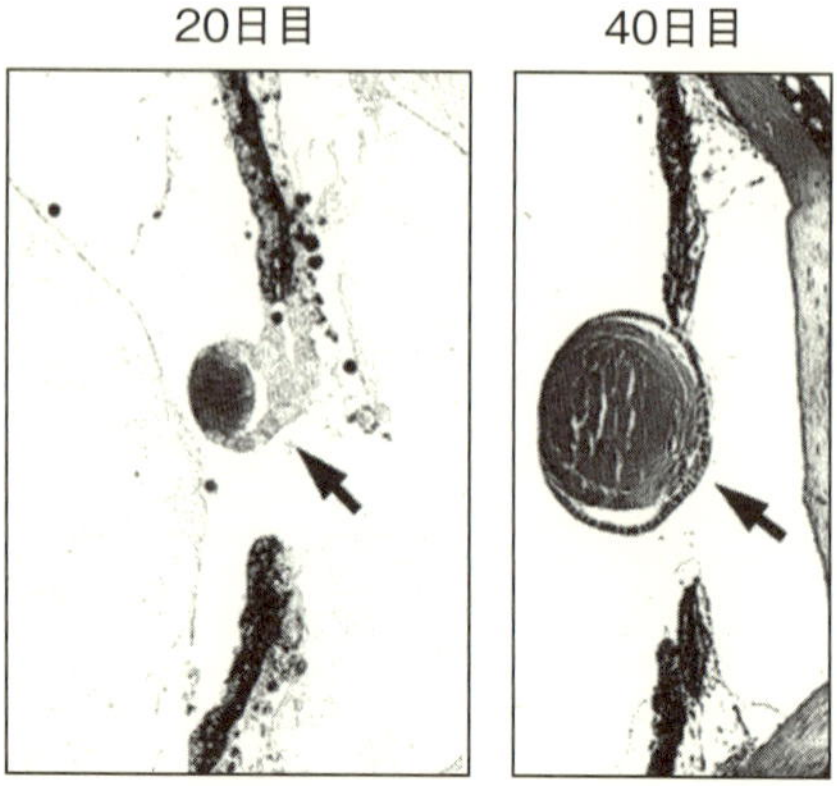

図6-8
再生中の水晶体断面写真
［写真提供／Hayashi T., *et al.*,（2004） Copyright © 2004, Elsevier］

ところで、イモリの虹彩は上からと下からの2方向から伸びていますが、不思議なことに、脱色と細胞増殖は上下両方の虹彩で起きるものの、レンズを再生するのは必ず上（背側）の虹彩細胞からです。機能上は両者に差があるようには見えませんが、再生時にどちらの細胞を使うかの役割分担ははっきりしているようです。イモリの水晶体を人為的に摘出すると間もなく色素上皮細胞から色素顆粒が放出され、脱分化して幹細胞に戻ります。この幹細胞は細胞分裂で自分自身の数を増やした後、透明な水晶体細胞へ分化していきます。

水晶体再生の引き金

研究者たちが次に興味を持ったのは、水晶体再生の引き金を何が引いているのか、ということでした。そこで、さまざまな増殖因子などをイモリに点眼する実験を行いました。[15]

その結果、線維芽細胞増殖因子2（FGF2）を点眼すると、虹彩から色素の喪失が起き、水晶体が形成されることがわかりました。おもしろいことに、水晶体が正常なイモリにFGF2を点眼すると、第二の水晶体として再生が進行し、やがてFGF2で誘導された第2の水晶体が、もともとあった水晶体を後ろに追いやって置き換わってしまいました（図6‐9）。また、水晶体を摘出した虹彩では、自発的なＦＧＦ２の分泌があることが確認されたため、このタンパク質が水晶体の再生の引き金を引くことは明らかなようです。

　また、点眼実験では、上下の虹彩は同程度の量のＦＧＦ２にさらされました。その後、色素の喪失や細胞の増殖は上下の虹彩で同程度に進行しましたが、水晶体の形成は自然状態の再生と同様に、上側の虹彩からのみ発生しました。自然状態の再生では、上側の虹彩にＦＧＦ２がより多く存在し、色素の喪失なども上側優位で進行し

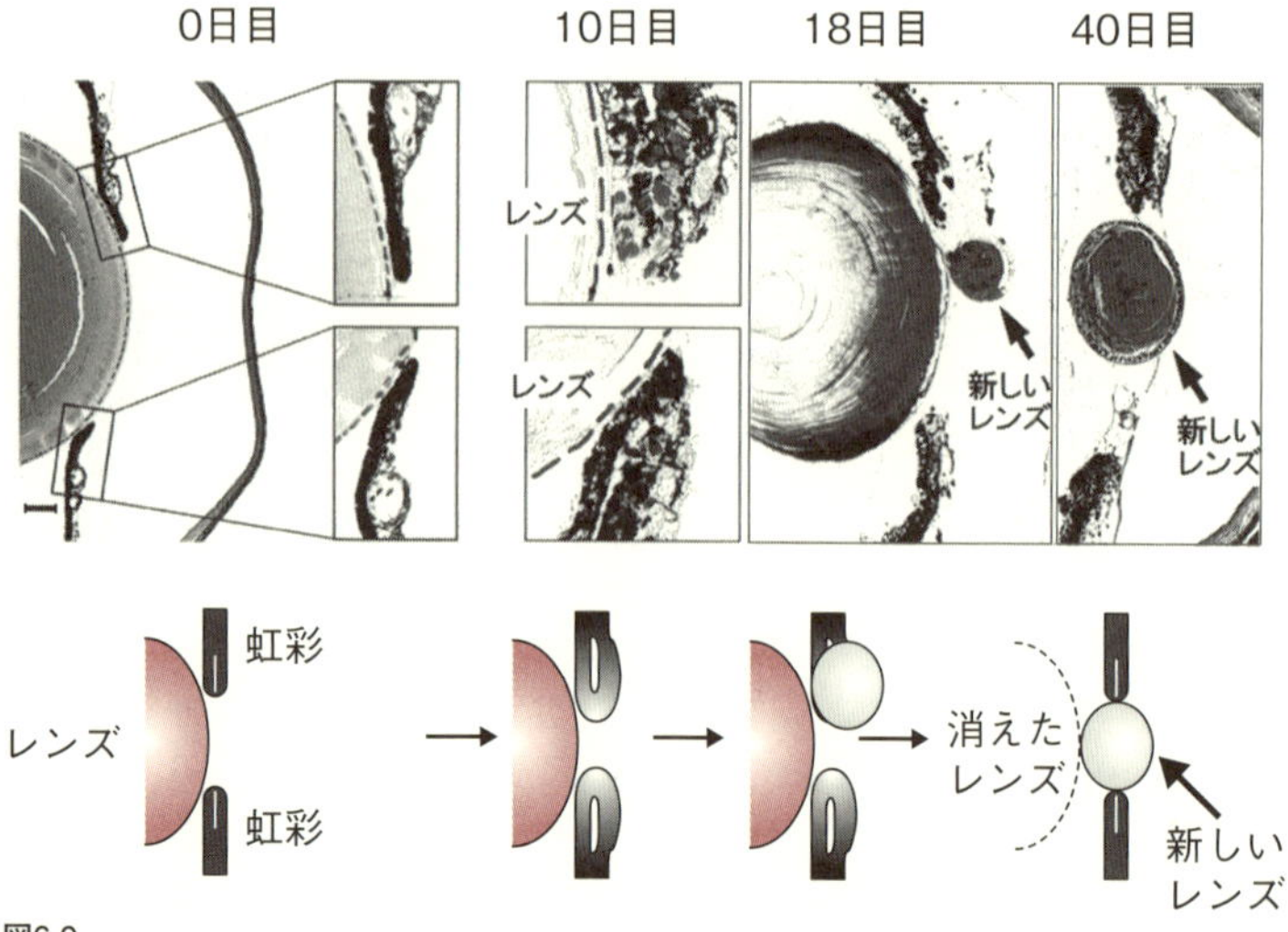

図6-9
水晶体の入れ替わり
［写真提供／Hayashi T., *et al.*,（2004）　Copyright © 2004, Elsevier］

ますので、上下の虹彩に同程度のＦＧＦ２を与えても水晶体の再生が上側のみである理由が何かあるはずです。

さらなる研究で水晶体を形成させる新たなタンパク質因子が発見されました。ＦＧＦ２による虹彩細胞の変化開始信号と、それに引き続く、新たに発見された水晶体形成開始信号の２段階で、水晶体は再生されているようです。

水晶体再生の全体像がおぼろげながら見えてきましたが、新しいタンパク質因子の正体や、全体の進行を誰がどうやってコントロールしているのかなど、研究課題はまだ山積みです。

さらに、水晶体の再生方法は動物によって異なっているらしいこともわかっています。今までの話はイモリの場合のことで、角膜から水晶体が作られる動物もいますし、水晶体自身で水晶体の再生を行う動物もいます。

網膜の再生

網膜は、イモリなどの一部の動物では、網膜組織上皮がさらに分化して、網膜を再生します。哺乳類では、網膜幹細胞が分化して網膜が形成されます。哺乳類において、網膜幹細胞の実態は毛様体の色素細胞で、色素細胞は自己複製能力を持つとともに、網膜を形成するさまざまな細胞に分化することができます。

網膜も、そのほかの器官同様に、イモリなどの有尾類以外では再生されないとされています。

網膜の再生に関わるのは、すでに紹介した毛様体辺縁部に存在する幹細胞と、色素上皮細胞が脱分化した網膜幹細胞、および網膜内に存在する増殖能を持つ網膜細胞です。このなかで中心的な役割を担っているのは色素上皮細胞です。色素上皮細胞は網膜を失ってから1ヶ月程度をかけて色素顆粒を失いつつ、細胞増殖によって網膜の構造を再構築します。網膜の再生機構は現在解明の途中段階ですが、水晶体同様にFGF2が関わっていて、FGF2の作用によって色素上皮細胞の分裂が開始されます。

哺乳類の網膜は再生しません。FGF2が哺乳類の色素上皮細胞に対する増殖作用を持つかどうかを確認した研究では、ラットの胎児の色素上皮細胞は、FGF2の添加により、網膜を構成する細胞群に分化することが試験管内の実験で確認されています。しかし、成長したラットの色素上皮細胞は、FGF2を添加しても網膜細胞に変化することはありませんでした。そのため、一度網膜が完成した哺乳類では、細胞レベルで網膜細胞の再生能力を失っていると考えられています。

薬物を使えば網膜再生は可能！

ただし、薬を使うことで網膜細胞を再生させる方法は発明されています[16]。その方法は、網膜のグリア細胞（ミュラーグリア）から、光を感知する神経細胞である視細胞を効率よく再生するというものです。

ミュラーグリアとは網膜にある細胞で、ものを見ることには関与しませんが、視覚に関わる視細胞を構造的に支持したり栄養を与えたりするサポート細胞のことです。人間においてもミュラーグリアから網膜細胞を作り出すことができることは知られていましたが、その活性は非常に低いので、臨床的に失われた網膜の治療をするほどの能力はありませんでした。

しかし、研究者らは網膜が再生されるメカニズムを解明し、傷害を受けた網膜に再生に関係するタンパク質や有機化合物を加えることによって、網膜を再生することを指令する信号を強化することに成功し、その結果、もともと存在していた網膜再生能力を向上させることができました。

6-3 2つに切断したら2匹になって生き続けるプラナリア

1匹が279匹に！

私たちの基準で考えれば、手足でさえ、切断されても再び生えてくるというのはスゴイことですが、もう少し原始的な生物でよければ、さらに強力な再生能力を持った生物がいます。それがプラナリアです。

プラナリアはつぶらな瞳のかわいらしい生き物で、体の再生を研究する人たちの間ではちょっと有名です。

その理由は、プラナリアの仲間の一部の種は非常に強力な再生能力を持っていて、切断された自分の破片から1匹の自分自身を再生することができるためです（図6-10）。人間にたとえるなら、一片２５０ｇ程度に人間の体を切り分けると、それぞれの切り身から人間ができあがるような感じです。というのもプラナリアは、体長２㎝程度の小さな生物ですが、最高で２７９個の細切れに分けても、その1個ずつから個体を再生したという記録があるのです[17]。

つまり、頭だった細胞の塊から内臓も尾も作ることができるし、内臓だった細胞から皮膚や目を作ることができる、そんなすごい能力を持っているということです（図6–11）。

とはいえ、プラナリアが単なる細胞の塊のような原始的な生き物かというと、そうではありません。頭部にはちゃんと脳があり、そこから全身に伸びる神経系を持っていて、その様子は哺乳類の脳と脊髄、そしてそこから伸びる末梢神経を

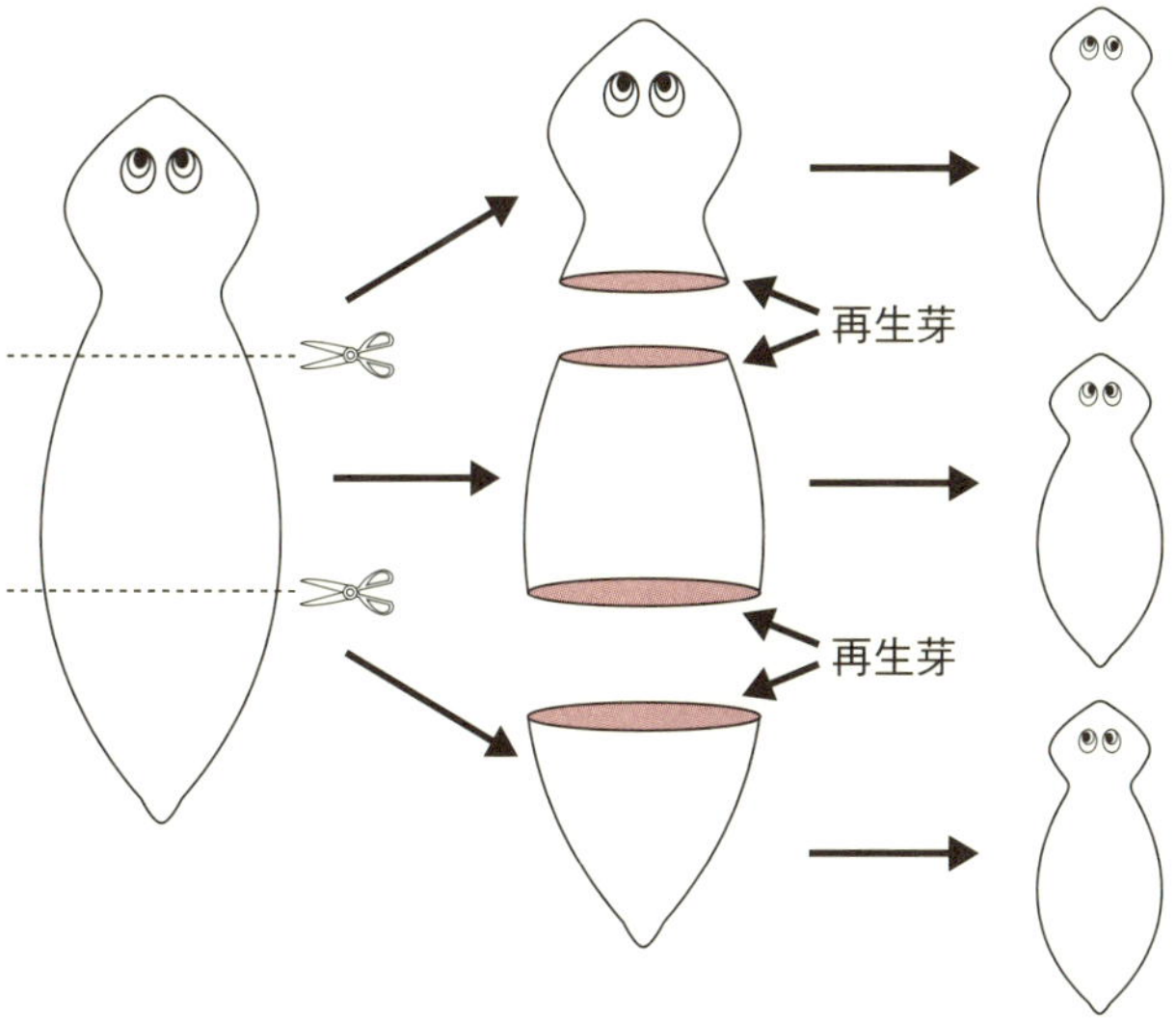

図6-10
プラナリアの再生の模式図
プラナリアを3つに切断すると、切断面に再生芽が形成され、3匹のプラナリアになります。

想像させます。

つぶらな瞳からはきちんと視神経が伸びて脳と接続していますし、消化管も充実していて、筋肉細胞で蠕動運動（ぜんどううんどう）をします。ただ、消化管は充実しすぎて3系統もあります。この消化管の枝分かれがプラナリアの最大の特徴で、これに基づいてプラナリアのことを学術的には三岐腸類（さんきちょうるい）と呼びます。ただし、口は頭ではなく、おなかにあります。

もともと寄生虫の仲間に分類される生物なので体節などはなく、三角形の頭以外はまさに寄生虫のようなシンプルな外見をしていますが、体のくびれがないことは人間でも珍しくないことです。

このように、生物として重要な点は人間と同様

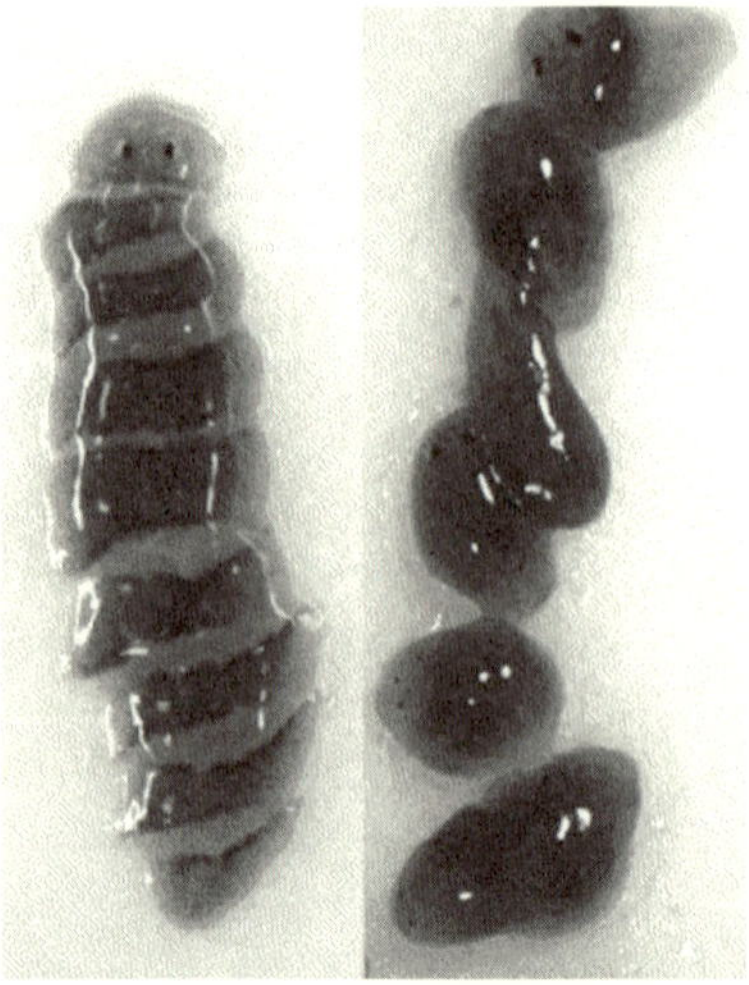

図6-11
プラナリアの再生
1匹のプラナリアを9つの断片に切断しても（写真左）、やがてそれぞれが1匹のプラナリアとなって活動を始めます（写真右）。
［写真提供／Agata K. (2003)
Copyright © 2003, Elsevier］

であるにも関わらず、驚くべき再生能力を持っている点が研究者にとっては魅力です。

自分で分裂する永遠の生命

プラナリアの再生能力は必然です。プラナリアは有性生殖と無性生殖の両方で増えることができますが、交配せずに無性生殖で増えるときには、おなかにある口の部分で体が前後に分断され、それぞれが新たなプラナリアの個体となります。つまり、自分で自分の体を切断して個体数を増やすのです。

ちなみに、有性生殖は食料が豊富な状態で行われ、卵巣と精巣の両方を備えた雌雄同体のプラナリアが、ほかの個体と交配することによって子世代を生み出します。このような仕組みですので、プラナリアは不死身です。細胞の1個1個について見ると、老化は起き、新陳代謝もあるのですが、個体としてのプラナリアは、放射線や有毒物質にさらされて死んでしまわない限り生き続けます。

全身が幹細胞

イモリは手足を再生することができることはすでに紹介しましたが、それらの再生メカニズムとプラナリアの再生メカニズムは大きく異なっています。

イモリの手足の場合は、切断面の細胞が脱分化というプロセスを経て、自分が手足の細胞だったことをいったん忘れ、人生を最初からやり直して新たな手足を作り出す細胞となります。

一方のプラナリアは、全身の細胞の20～30％というものすごい

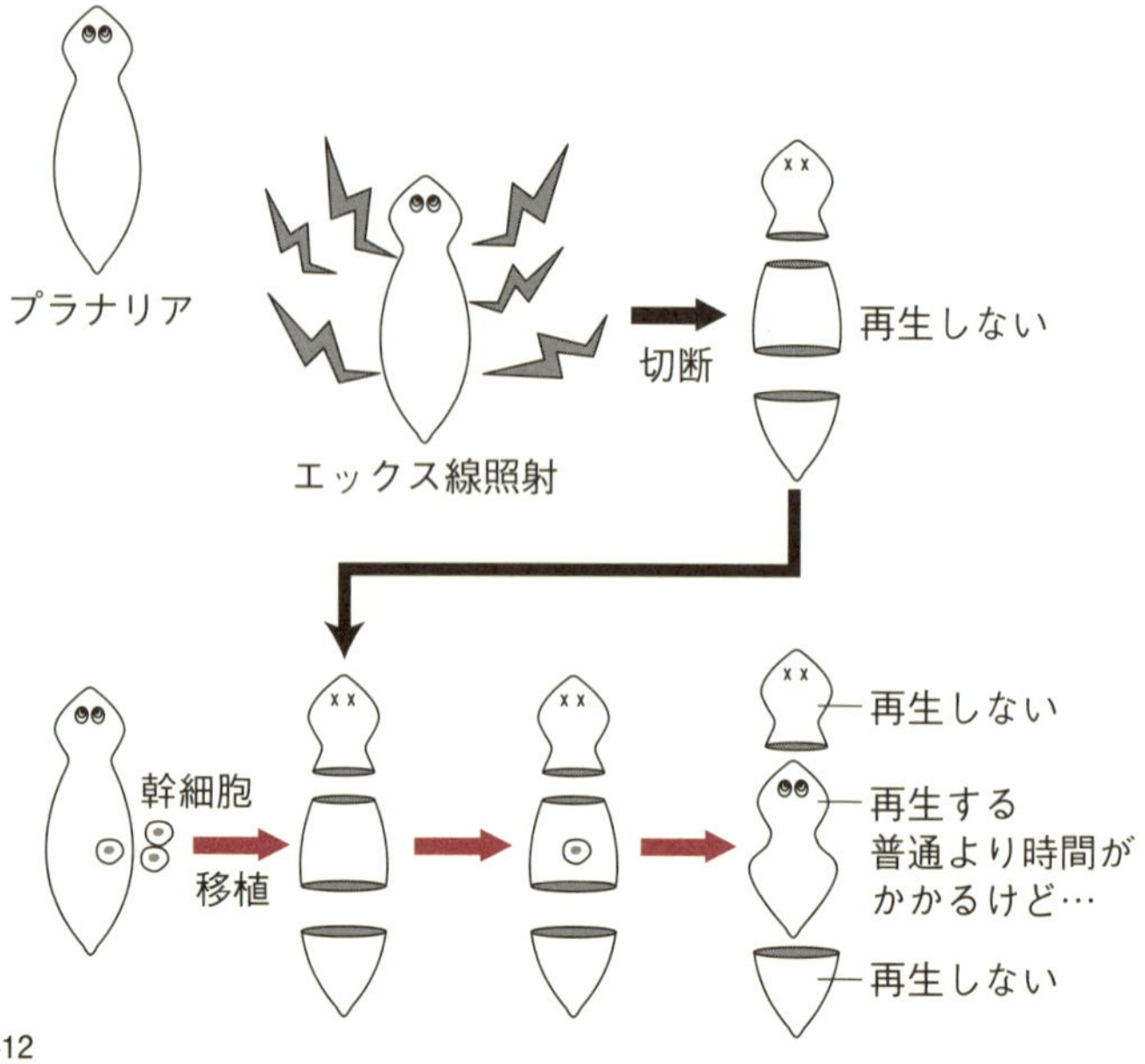

図6-12
エックス線照射したプラナリアの再生
全身にエックス線照射したプラナリアは再生能力を失います。これは幹細胞がエックス線によってダメージを受けるためです。ここに、正常なプラナリアの幹細胞を移植すると、移植片を含むプラナリアは、時間は長くかかるものの再生されます。

量を幹細胞に割り当てて再生に備えていて、あらかじめ全身に配置しておいた幹細胞を起動することによって体を再生します。

しかし、プラナリアの場合、細胞の脱分化は行われませんので、幹細胞が損傷すると組織細胞が正常に残っていても再生できなくなります。人為的にはプラナリアの全身にエックス線を照射するなどすれば、再生できないプラナリアを作ることができます。組織細胞を脱分化させる能力がないということは、再生能力を封じたプラナリアにいくら組織細胞を移植しても、再生能力は回復しないということです。しかし、もちろん、別のプラナリアから幹細胞を移植すると、やがて再生能力が回復します（図6-12）。

しかも前述のように、全身のあらゆる場所に配置された幹細胞が、そこから全身の細胞を作り出すことができるわけですから、人間が持っている幹細胞とはスケールが大きく異なります。

人間はこのような、全身を再構築できる「全能性」を持つ幹細胞は基本的に持っていません。受精卵が唯一、その機能を備えています。したがって、もし人間にたとえるなら、プラナリアは全身に自分自身の受精卵を無数に配置しているような状態といえます。

脅威の再生力は何のため？

人間が皮膚の幹細胞を持っているのは、皮膚の新陳代謝やケガをしたときの修復が目的ですが、プラナリアは全能性の幹細胞を全身に持ち続けることにより、受精を必要とせずに子孫を増やすことを、つまり種の保存のための方策として全身に幹細胞を持つことを選択したのです。

プラナリアの賢いところは、有性生殖の能力も温存している点です。平和な時代ならば、自分のコピーを多数作ることによって種は繁栄しますが、環境が変化して自分に不利な状況に追い込まれると、自分のコピーである遺伝子が同じプラナリアばかりでは、一挙に死滅してしまう可能性があるということです。そこで、遺伝子のバリエーションを増やし、環境の変化にも対応して生き残ることができるように、無性生殖と有性生殖のどちらも行うことができるようにしているのです。

プラナリアの再生はインターカレーションで起こる

人間の体は、頭、胴体、手足に分けられますが、プラナリアは体内の機能の分布によって、頭、尾、胴体の前半分、胴体の後ろ半分に分けられます。プラナリアを見ると、頭だけは、何となく「このあたりが頭か」という形状はしていますが、それ以外はウエストのくびれもなく、見た目では区別がつきません。

プラナリアの体を切断すると、イモリの四肢の再生のページで紹介した再生芽が現れます。再生芽は生物の再生の最初の段階に現れる円錐状の突起で、皮膚に相当する細胞で表面が覆われています。内部には切断された組織の細胞になりつつある未分化細胞が詰まっていて、これから体を作り直す準備をしています。

そのため、プラナリアもイモリと同様の仕組みによって再生が行われると長らく考えられていました。しかし、結論からいうと、プラナリアはイモリとは異なる「インターカレーション」というメカニズムで、断片から自分自身を再生していることがわかっています。

イモリの切断された前足が再生される場合、既存の切断された前足に新たな足を追加するように再生が行われます。ところがインターカレーションの場合は、失った組織をゼロから作って既存の部分に付加するのではなく、残存した体に対して、部位を新たに定義し直し、その定義にしたがった細胞の種類に再生します。

体の位置を決め直す

では、プラナリアにおいて、実際にどのようなことが起きているのか考えてみましょう。

プラナリアの尾を切断した場合、そこにできる再生芽、つまり、これまでは尾の根本だった部分が新たに頭に定義されます。尾の先端は、尾が切断されても尾のままで変わりませんので、頭の再生芽と尾の間で、新たに胴体部分が「はい、このあたりが今日から胴体ね」といった感じで定

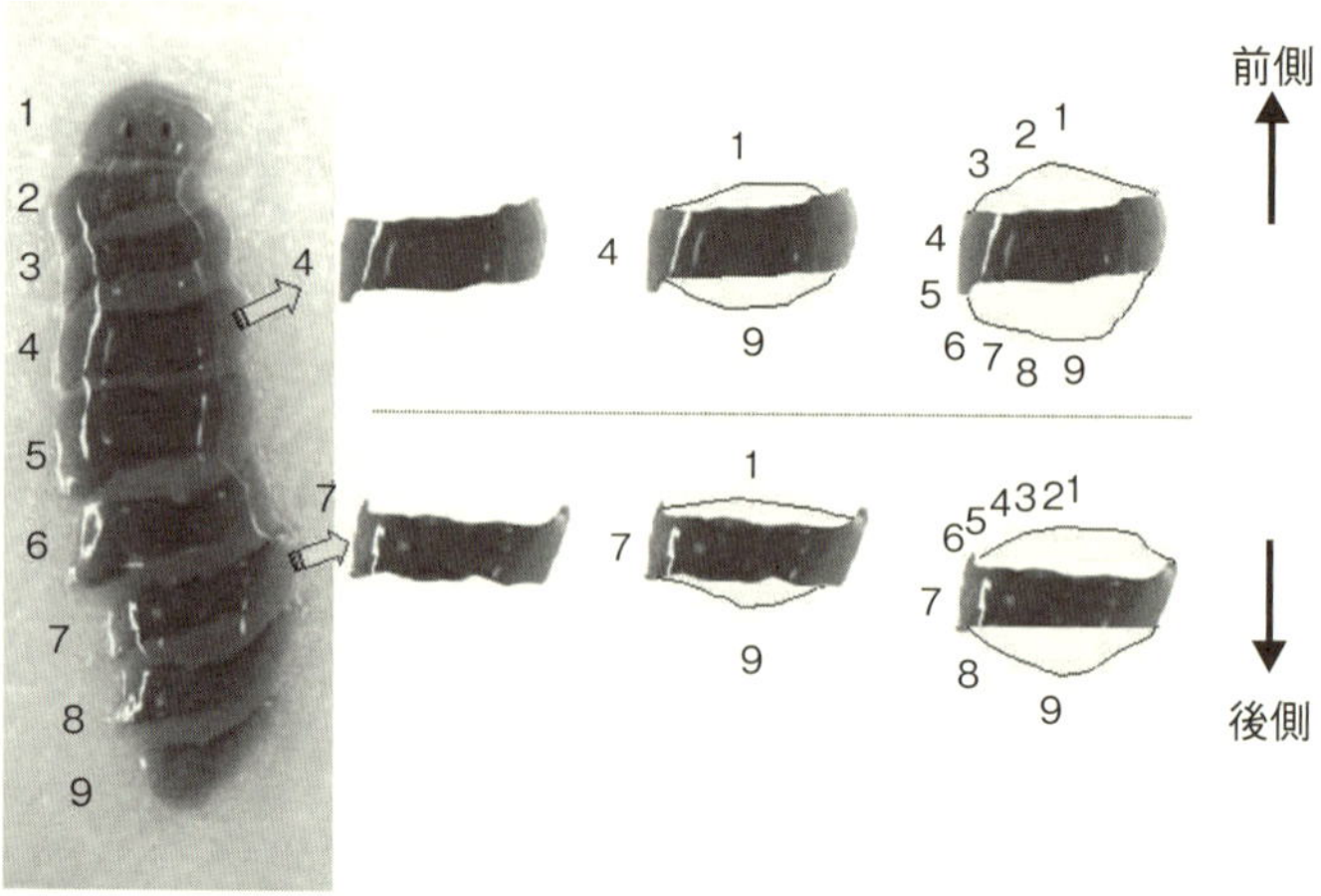

図6-13

プラナリアのインターカレーション

プラナリアに頭の方から順に1から9まで番号を想定し、それに併せて9つに切断しました。このとき、頭側の切断面にできた再生芽は必ず頂点が1となり、尻尾側は９となります。切断された断片に付与された番号、図では4または7は変わることなく、１および9との間の番号を埋め合わせるように再生が行われます。

[写真提供／阿形清和]

義されます。

地球が緯度と経度の座標で全ての位置を示すことができるように、プラナリアも体の座標系を持っています。仮に頭のてっぺんを1として、尾の先端を10とすると、2の位置は頭、4の位置は胴体前半分、7の位置が胴体の後ろ半分で、しっぽは9から始める……という座標系をプラナリアは永遠不滅の座標系として持っているのです。

それにしたがい、尾の切断によって、今まで「9」だった細胞が「あなたは今日から『1』です」と新たな座標系が与えられると、新しく生まれた「1」から既存の「10」までの間に「2」~「9」が番号を打ち直され、あらかじめ定められた「1番の幹細胞はA細胞とB細胞に分化、2番の細胞はC細胞とD細胞とE細胞に分化、3番の細胞は……」という設計図にしたがい、各位置に配置されている幹細胞が分化を開始して体ができあがることになります（図6-13）。

なお、プラナリアで再生芽ができるきっかけはイモリと同じで、切断面が自然治癒によってふさがることにより、背中の皮とおなかの皮がくっつくことがトリガーになることがわかっています。この仕組みはあまりにも忠実なので、プラナリアの体の一部をくりぬいて、ほかのプラナリアの同じようにくりぬかれた部分に、おなかと背中を反転させて埋め込むと、傷口がふさがったと勘違いしてそこに再生芽ができて再生

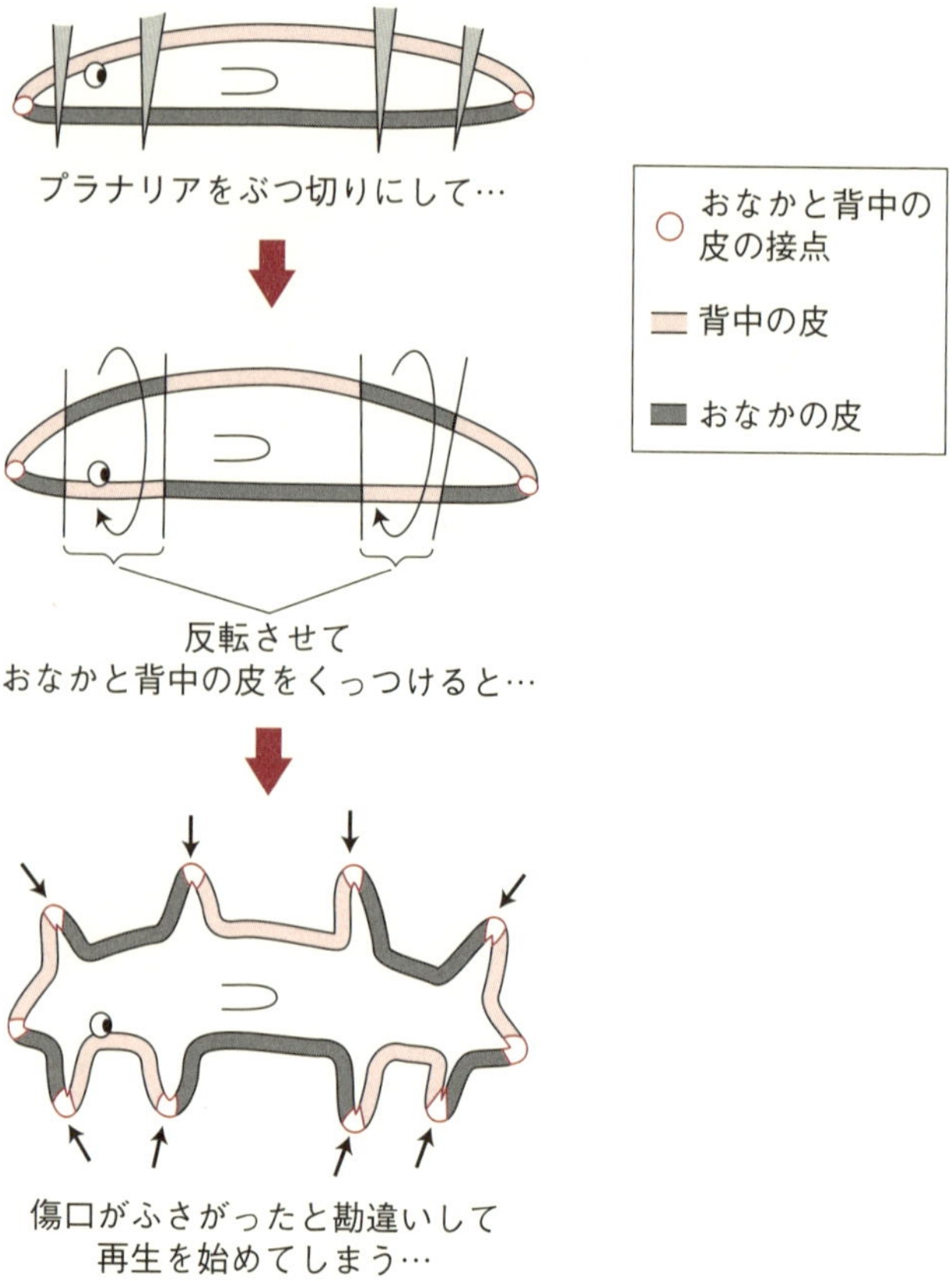
プラナリアをぶつ切りにして…
おなかと背中の皮の接点
背中の皮
おなかの皮
反転させて
おなかと背中の皮をくっつけると…
傷口がふさがったと勘違いして
再生を始めてしまう…

図6-14

おなかと背中の皮がつながれば必ずそこから再生

背中の皮を[ ]、おなか側の皮を[ ]で表現すると、[ ]と[ ]がつながっている部分は必ず先端になろうとして強引に再生が始まります。

を始めようとしてしまうほどです（図6－14）。

頭と尾を決めるのはヘッジホッグ

さて、このプラナリアの再生、切断された部位の細胞が、どのようにして頭の方向と尾の方向を正確に認識しているのでしょうか？　実はこれは2009年まで解明されていなかったプラナリアの大きな謎でした。

先ほど、頭を「1」として尾の先端を「10」とするたとえを使いましたが、実際に、プラナリアの体に小さな値から大きな値になるように、番号のようなものが順番につけられているなら話は簡単です。切断された断片のなかで最も番号の小さい部分が頭になり、最も番号の大きな部分が尾の先端になればよいからです。

ところが、プラナリアを切断する実験の結果は、座標系がそれほど単純なものではないことを示しています。プラナリアの体を大きくザクザクと刻むと、たしかにかつての頭に近いほうの切断面が頭になり、その逆が尾になるのですが、非常に小さな断片に切断すると、かつての頭側だった切断面からしっぽが再生され、しっぽ側だった切断面から頭が再生されることがあるのです。これは単なる座標系の番地では説明がつきません。そもそも科学者が問題にしているのは、体の部位の座標を記録しているような遺伝子やタンパク質などの物的証拠が見つかっていないことです。

神経軸索のなかに微小管と呼ばれる管のような形をした構造体がありま す。微小管は細長い神経細胞のなかで軸索輸送と呼ばれる物質輸送をしています。そこで、微小管の形成を妨害する薬物にプラナリアをさらした後に切断してみると、頭を作る方向が混乱し、高い確率で本来は尾のあるほうに頭ができたプラナリアが再生されることがあります。このとき、逆に頭が尾になったプラナリアが生まれることはないことから、どうやら軸索内の微小管を介して輸送されている何かが、体の前後を決定しているらしいことが予

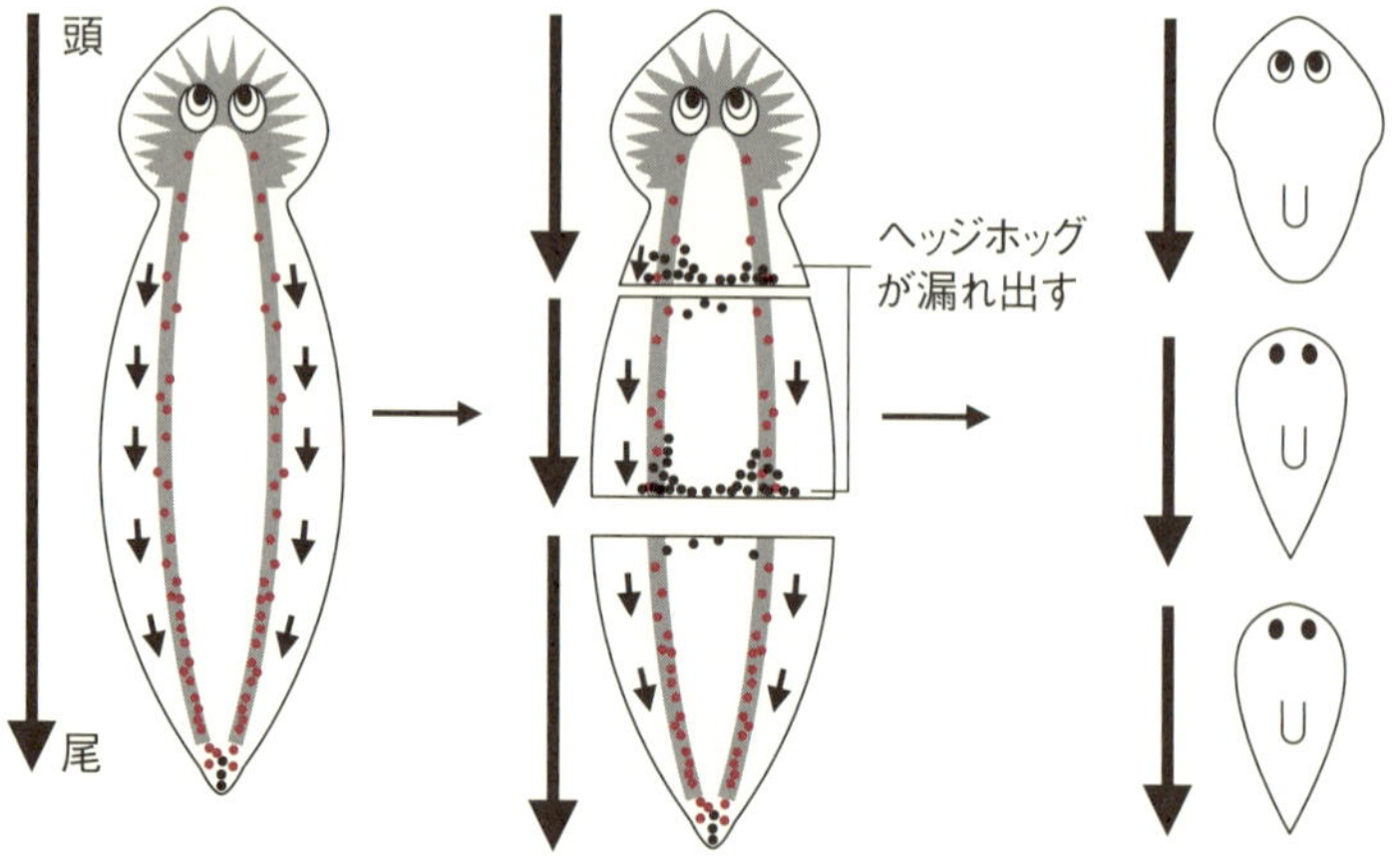

図6-15
切断面で作用するヘッジホッグ

想されました。

答えを握っていたのは、生物の体が形成される際に働くタンパク質「ヘッジホッグ」でした[18]。ヘッジホッグは胎児の成長段階で体の左右を決定し、神経や手足の発達に特に必要不可欠なタンパク質として1980–90年代に数種類が確認され、脳腫瘍や皮膚腫瘍の形成にも関与することが明らかとなっています。

プラナリアにおいても、ヘッジホッグは頭から尾につながる神経で作られていることが発見され、どうやら、頭のほうで作られたヘッジホッグが、神経を介して尾のほうへ輸送されているらしいのです。体の切断によって、神経も切断されてヘッジホッグの輸送ルートが断たれると、尾になる側からヘッジホッグが漏れ出します。するとそれが合図になって、尾が再生されるのです（図6–15）。

再生された頭と尾が逆転する現象については、ヘッジホッグはある程度の量がなければ尾を作れとは指令しないため、断片があまりに短いと、尾を作れと指令するのに十分なヘッジホッグが分泌されないために尾ができなくなり、ある確率で方向が逆になる可能性が示唆されています。

ニワトリで行われた実験

ヘッジホッグがいかに強力な決定権を握っているかについては、ニワトリの翼を使った実験が有名です。

ヒナの成長段階において、翼が形成される直前に、ZPA※と呼ばれる領域が存在していることがわかっています。ZPAは翼の前後を決定する権限を持った部位で、翼が作り出される前にZPA部分を切り取り、前後が逆になるように反対側に移植すると過剰肢現象が現れ、翼の先の骨が鏡像になって重複します。このことから、ZPAでもヘッジホッグタンパク質の遺伝子が高い活性を持っていることがわかりました。そこで、ZPA部分の移植は行わずに、対向する位置のヘッジホッグタンパク質遺伝子を人為的に活性化させたところ、それだけで移植したときと同じ過剰肢が形成されました（図6-16）。それほどヘッジホッグの作用は優先的に受け入れられるのです。

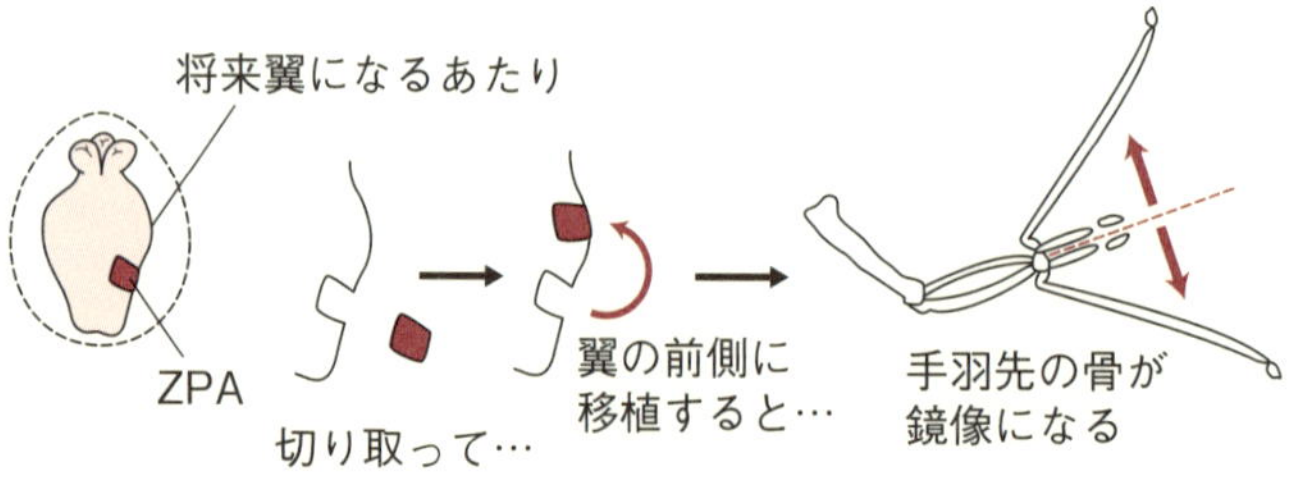

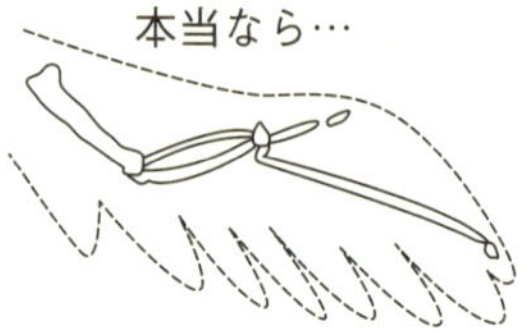

図6-16
ZPAの移植で鏡像になる翼
ニワトリの発生段階で、将来翼になる部分の後ろ側にあるZPAを前側に移植すると翼が鏡像になります。

話をプラナリアに戻しましょう。このような驚くべき再生能力を生み出す、プラナリアの幹細胞の正体についての研究も進められています。

プラナリアの幹細胞の正体

かつて、光学顕微鏡でプラナリアを観察していた時代は、体細胞と幹細胞を見分けることがほぼ不可能でした。しかし、1970年代以降、倍率の高い電子顕微鏡の登場により細胞を観察することが可能になり、プラナリア幹細胞の実態が解明され始めました。

電子顕微鏡で見たプラナリアの幹細胞は、分化済みの体細胞に比べて細胞の大きさが小さく、細胞質が少なく、細胞内に含まれるさまざまな働きを分担して受け持つゴルジ体などの細胞内小器官と呼ばれる組織が未発達となっています。

また、幹細胞に、「クロマトイド小体」と名づけられた特徴的な構造体が見つかったため、クロマトイド小体を探すことによって幹細胞の分布などを容易にとらえることができるようになりました。その結果、先ほど紹介したような再生芽には幹細胞がなく、すでに分化の段階に入っている細胞が含まれていることや、プラナリアでは脱分化はなく、幹細胞から幹細胞が生み出されていることが発見されたのです。

※ZPA：Zone of Polarizing Activityの頭文字です。

なお、クロマトイド小体に似た細胞内の構造は、カエルやショウジョウバエなどの卵においても生殖顆粒として存在しています。生殖顆粒は、それが含まれる細胞を生殖細胞に変化させる能力を持っています。

ショウジョウバエは、生殖細胞での遺伝子がよく研究されています。そのショウジョウバエの生殖細胞で活性化している遺伝子とプラナリア幹細胞で活性化している遺伝子を比較しました。その結果、プラナリアの幹細胞でも生殖細胞で機能が高まっている遺伝子が次々と確認され、プラナリアの幹細胞とショウジョウバエの生殖細胞は性質の似た細胞であることが明らかとなっています。

一方で、プラナリアの幹細胞は均一な集団ではないこともわかっています。飢餓状態で無性増殖するプラナリアと飽食状態で有性生殖するプラナリアを使った比較実験をしたところ、将来、少なくとも生殖細胞に変化できる始原生殖細胞(しげんせいしょくさいぼう)という幹細胞と、筋肉や神経など、そのほかの細胞に変化できる幹細胞の2系統があるようです。始原生殖細胞は、それ以外の幹細胞が変化して作り出される細胞です。

6-4 昆虫の足の再生

昆虫も四肢再生の研究でしばしば用いられています。

たとえば、体長5㎜程度のコオロギの幼虫の場合、足の途中で切断しても2週間程度で再生します。この再生は脱皮のたびに行われるため、昆虫が幼いほど完璧な回復が行われ、あまりに足の根本に近い部分で切断すると、完全な大きさまで足が成長しない場合や再生自体が行われないこともあります。

昆虫の再生の経緯は、すでに紹介したイモリと似ていて、まず血液の凝固によって出血が止まり、皮膚に相当する上皮が傷口を覆うように伸びて傷口をふさぎます。

さて、傷口を覆う上皮の内部では、いったん筋肉が破壊されつつ、外部では再生芽が形成されます。筋肉の再生は上皮が硬くなってくる頃に内部で行われています。

つまり、切断した足を人為的に不連続に移植すると、その中間部分を埋め合わせるように組織が再生されることから、プラナリアのようなインターカレーションも行われていることがわかります（図6-17）。

さらに、足を切断後、背中側とおなか側を反転させて移植する、あるいは、左右を入れ替えて移植することによって、両生類と同様に余分な足が生える過剰肢形成現象も観察され、有尾類と昆虫は脱皮のプロセスの有無を除けば、ほぼ同じような仕組みで再生が行われているようです。

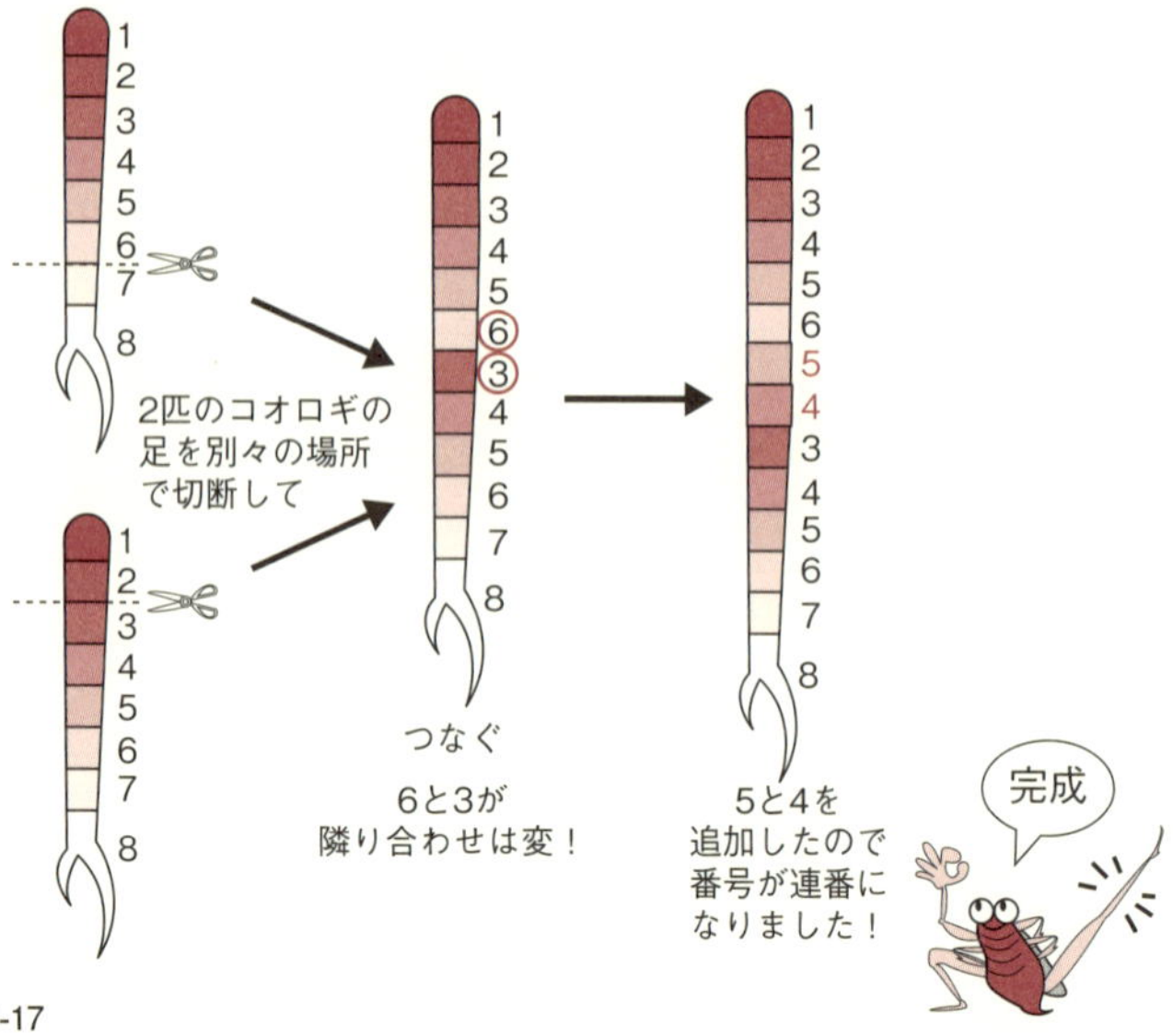

図6-17
インターカレーションなコオロギの足の再生
あたかも、足の各部位に順番に番号が振られているかのように、連番性を守るような方向で再生が行われます。

6-5
組織再生の根本原則にある アクチビンメカニズム

生物の体が修復されるとき、その戦略は生物種によって二分されています。名づけるなら、1つはオンコマンド型、もう1つはオンデマンド型といえるでしょう。

オンコマンド型は、プラナリアのようにあらかじめ全能性幹細胞を配置しておき、必要に応じて分化する臓器を指令する方法。オンデマンド型は、イモリのように脱分化というプロセスを経て必要なときに、必要な分化能を持つ幹細胞を作り出し、そこから臓器を作り出す方法です。

いずれの戦略をとるにせよ、どう見ても1種類に見える細胞からさまざまな臓器細胞が作り出されるという現象そのものが非常に不思議で、これまで多くの研究者が、その仕組みの解明に取り組んできました。

その研究の過程で、日本人研究者によって198

図6-18
アクチビン
アクチビンは分子量25000のタンパク質です。

9年に発表されたキーワードが「アクチビン」（図6-18）でした。

驚くべきアクチビンの作用

アクチビンは臓器の形成を司るタンパク質の名前で、今のところ3種類の仲間が知られています。アクチビンはその総称です。アクチビンは卵巣の顆粒膜細胞などから分泌されますが、遺伝子の活性化度合いで観察すると、脊椎動物ではさまざまな臓器でアクチビンタンパク質の遺伝子が機能していることがわかっています。

カエルの受精卵がある程度成長すると、アニマルキャップと呼ばれる

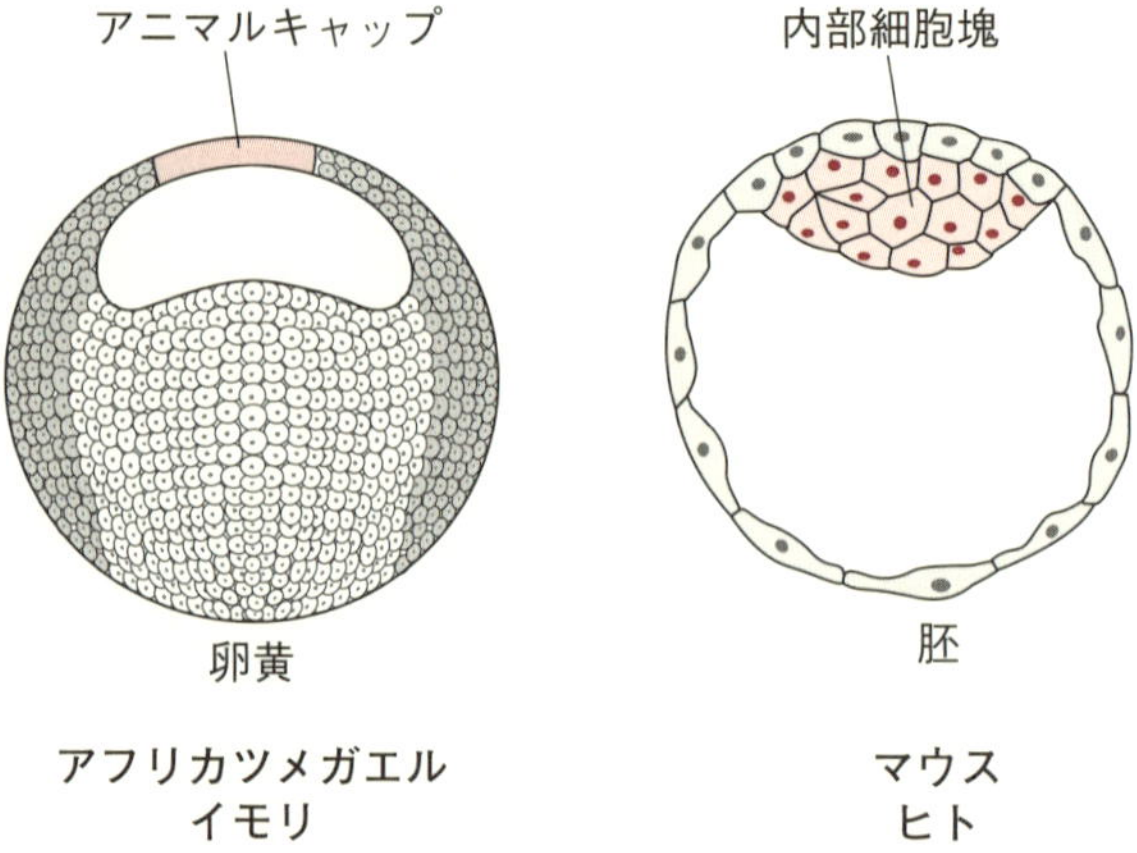

図6-19
カエルのアニマルキャップと人間の内部細胞塊
カエルではアニマルキャップに、人間では内部細胞塊に含まれる万能細胞がそれぞれ生体へと成長します。

細胞の集団が現れます（図6-19）。これは人間では内部細胞塊と呼ばれる細胞の集団に相当します。受精卵は細胞分裂して細胞の塊を形成しますが、これらの細胞全てがカエルになるわけではなく、ある段階でカエルの成長をサポートする細胞と、カエルそのものになる細胞に役割を分担します。アニマルキャップは将来カエルになる万能細胞の集団です。

このアニマルキャップにアクチビンを作用させる

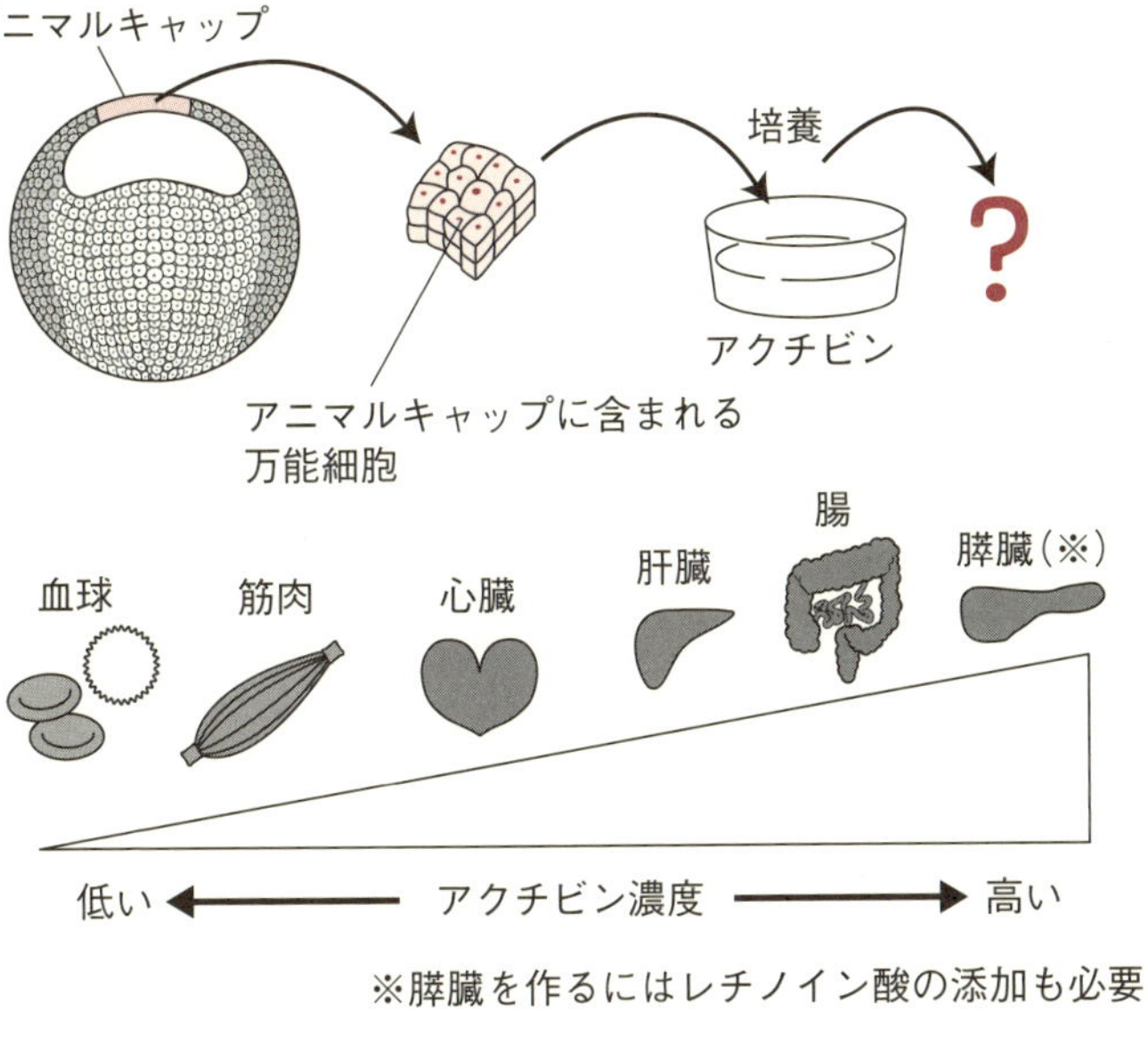

図6-20
アクチビンの濃度を変えることによって作り出すことができる細胞

と、臓器細胞を自由自在に作り出せることが発見されました。しかも、おもしろいことに、作用させるアクチビンの濃度を変えるという非常に単純な操作だけで、アニマルキャップから狙いどおりの臓器を作り出すことができたのです。

アクチビンを高い濃度でアニマルキャップ細胞に作用させると、それらの細胞は心臓や肝臓となり、やや薄めると脊索が、さらに薄くすると筋肉が、さらにさらに薄くなると血管細胞や血球ができました。

さらにアクチビンに、細胞の分化や増殖に必要な因子として知られているレチノイン酸を加えることによって、膵臓や腎臓の細胞を作り出すことにも成功しました。別の添加物を調整することによって、眼球や消化管なども作り出すことができることもわかっています（図6-20）。

試験管で臓器を作る

しかもこれらの細胞は、培養の方法を工夫すると細胞同士が立体的に結びつき、試験管のなかで機能する臓器にまで育てることが可能です。カエルでの実験では、試験管内で作り上げた心臓は正しく拍動します。カエルの胚から心臓部を除去し、代わりに試験管内で作った心臓を移植すると、発生するカエルに組み込まれて何の問題もなく動き続けます。同様に試験管内で作成した眼球を、眼球を除去したオタマジャクシに移植すると、やがて視神経が接続し、ちゃんと機能することもわかっています。

一方、移植の際に本来の心臓の位置に移植すると、通常のカエルの受精卵の成長過程をたどりますが、たとえば、将来尾になる部分に移植すると、心臓はそこで拍動を続け、血管系も配管され、2つめの心臓になります。正しい心臓の位置に存在している細胞は、新たな心臓が同じ個体の別の場所に埋め込まれたことを知らされることなく心臓へと分化し、新たに移植された心臓もそのまま成長を続けるためです。こうしてできあがったカエルは、機能する心臓を2つ持つカエルとなります。

膵臓についても同様の実験が行われました。アニマルキャップからアクチビンなどを使って作り出した膵臓細胞をカエルに移植したところ、血管も正しく接続し、インスリン分泌などの機能を正常に持った膵臓を作り出すことに成功しています。

多くの研究は成長が早く倫理的問題のないカエルなどを使って行われますが、臓器形成の基本は人間でもほぼ同様であると考えられていますので、このような臓器細胞を作り分ける技術や、試験管のなかである程度臓器を育てる技術は、将来、再生医療に生かすことも可能かもしれません。

実際に人間においても、カエルのアニマルキャップに相当するＥＳ細胞（胚性幹細胞）から、カエル同様の方法で組織細胞を作り出すことに成功しています。

たとえばヒトの網膜は、中枢神経の一部で再生が困難な組織です。ですので、網膜に障害を受けるとその治療は困難です。しかし、ＥＳ細胞から、光を感知する神経細胞である視細胞を非常に高い確率で作り出すことに、日本の研究者が２００８年に成功しました[19]。

また、胎児の網膜で視細胞が作り出されるときに、どのような成分がその分化に関わっているかを調べ、それを試験管内の培養に適用したところ、桿体（かんたい）視細胞や錐体（すいたい）視細胞でできた細胞集団や、網膜色素上皮細胞を作り出すことに成功しています。

再生医療への展開

さて、アクチビンやレチノイン酸を幹細胞に与えることによって、臓器細胞や組織を試験管内で作り出すことができることはわかりました。この技術を医療に応用しようと考えた場合、若干の疑問が生じます。

疑問１　試験管のなかでできた臓器細胞は、体内の該当する臓器の細胞と同じものになることはできるのか？

疑問2　試験管のなかでできた細胞を、体内に移植して再生医療に使うことができるのか？

答えはいずれも、〝Yes, we can.〟です。

受精卵から個体が形成されるとき、さまざまな遺伝子があらかじめ定められた順序で機能し、細胞や臓器を作り上げます。どの段階のどの細胞で、どのような遺伝子が機能しているかを解析し、アクチビンを用いて試験管内で臓器細胞を作成する際に機能している遺伝子と比較したところ、両者は同じであることがわかっています。このことは、生物の誕生の過程で起きていることと同じことが試験管のなかで起きていると判断してもよい十分な根拠となります。

また、これらの細胞を再生医療に使うことができるかどうかについては、動物の受精卵が少し成長した胚を使った実験が行われています。もともとあった臓器領域を除去し、その除去部分に試験管内で作成した該当組織を移植すると、正常に成長することが多くの実験で確認されていますので、体内に移植しても正常に機能する可能性は、非常に高いものと考えられています。

さて、アクチビンによる分化の誘導でもう1つ興味深い実験があります。

それはオタマジャクシのアニマルキャップを使った実験です。アニマルキャップの未分化な細胞の塊をアクチビンにさらし、ただちにアクチビン未処理の細胞ではさんでみたのです。つまり、具がアクチビン処理済み細胞、パンがアクチビン未処理細胞のサンドイッチというわけです。

この大急ぎで作ったサンドイッチ状のオタマジャクシ未分化細胞は、やがてオタマジャクシの首から下になりました。つまり、頭が形成されないオタマジャクシができあがったのです（図6−21）。頭が存在しないこと以外は、体の前後・上下・左右も、内臓の位置も機能もまったく正常でした。

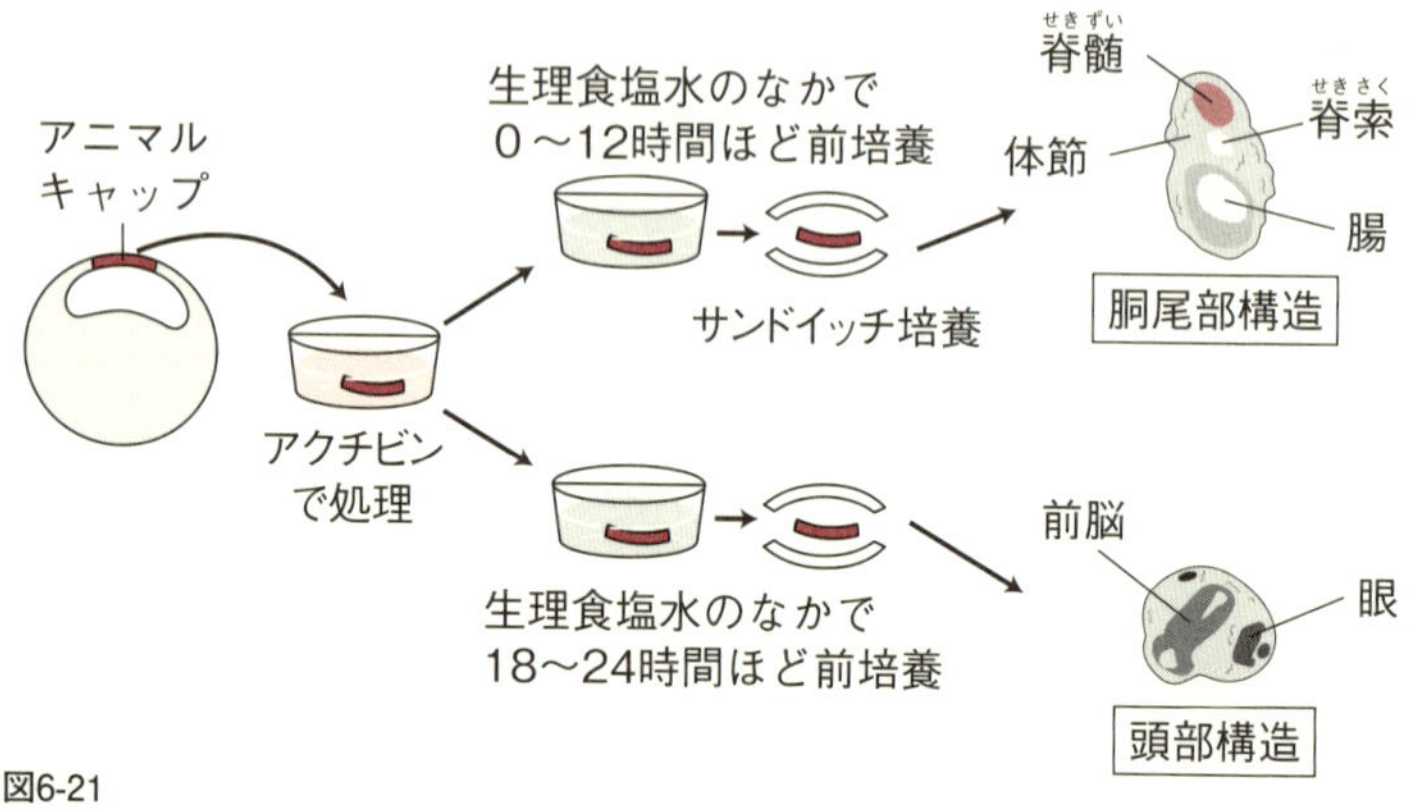

図6-21
サンドイッチ培養による頭部および尾部の分割再生

不思議なことに、アクチビン処理した細胞を、体液に似た組成の塩水にしばらくさらした後に、同じようにアクチビン未処理の細胞ではさんで培養すると、残りの部分、つまり頭だけができます。この頭には目や鼻、脳の一部ができています。

アクチビン処理から未処理細胞で包まれるまでの時間調整だけで、まったく同じ細胞の集団から、片や頭ができ、片やそれ以外の部分ができるのです。このことは、私たちの体が非常に微妙な制御機構によって、全身の正しい外観と機能を作り上げていることを意味しています。

知れば知るほど奥の深いアクチビンの作用

アクチビンがどのようにして臓器細胞への分化を決定しているかについてはまだ完全に解明されているわけではありませんが、細胞表面にはアクチビンに反応する複数種類のタンパク質があることがわかっています。

アクチビンの濃度によって形成される臓器細胞が異なるということは、低い濃度のアクチビンに反応するタンパク質と、高い濃度のアクチビンに反応するタンパク質があることが予想されますし、表面に露出して真っ先にアクチビンを浴びる細胞と、細胞群のなかに埋もれていてアクチビンにさらされにくい細胞があるなど、アクチビンからタンパク質が受ける影響が変化しているものと思われます。

アクチビンに反応したタンパク質は、連鎖反応的な細胞内での情報伝達を開始させ、その結果としての遺伝子の読み取り箇所の選択を行ってさまざまな臓器細胞を作り分けているようです。

また、アクチビンによる分化は、実験上は何百個の細胞を一度に処理するか、何千個の細胞を一度に処理するかによって、得られる分化した細胞の結果が異なることもわかっています。これをたとえると、細胞が少なければ「よし、全員で○○臓器に分化しようぜ！」というところが、その10倍もあると「○○臓器になる細胞の数はもう十分だから、俺たちは△△臓器になろうぜ！」というような役割分担も、細胞の間で起きているのでしょう。

第7章

医療技術と自然治癒力

7-1 人工的自然治癒となる再生医療

再生医療には、取り組むルートが2つあります。1つは人間の持つ再生能力を医薬品や外科手術で補助して病気やケガを治そうという道筋、もう1つは組織や臓器の修復・再生を、生化学的研究成果に基づき工学的に行おうとするものです。

再生医療といえばイメージ的には後者を思い浮かべることが多く、工学的治療は不治の病の治療を実現する画期的な技術、と思われることが多いのですが、体外の生物的な部材を患者さんの体内に埋め込むような医療は、実用化まで、まだたくさんの解決すべき問題のある研究途上の医療技術です。

すでに実用化されているのは試験管内で旺盛に増殖する能力を持った組織細胞、あるいは組織細胞のもとになる体性幹細胞と呼ばれる細胞を使って特定の組織を作り、それを患者さんに移植して治療する方法です。たとえば、1999年に発生した東海村JCO臨界事故では、放射線の影響で皮膚が著しい損傷を受けた被爆者に、皮膚移植を施し、患者の生命を守る治療が行われました[20]。

重傷のやけどの治療などで、すでに一般的に行われている皮膚移植は、患者の皮膚の一部分を適切な栄養を与えながら実験室で培養し、患者に移植可能な皮膚細胞シートを作成する技術です。局所的な皮膚の損傷の場合は、このように本人の皮膚の一部分を移植して治療することもありますが、ＪＣＯの事故のように全身の皮膚が失われたような場合には、人工的に作り出した皮膚が使われます。ここで作り出される皮膚は体表の細胞でできたシート状の移植皮膚だけでなく、その下層の細胞までも立体的に作成した培養真皮や複合培養皮膚と呼ばれる組織も移植する技術がすでに確立されています。これらの移植した皮膚は患者の皮膚として機能し、外部と体内を区別するだけでなく、移植した皮膚細胞から放出される増殖因子などによって、患者自身の再生力を支援する役目も担っています。

皮膚のほかには、骨や軟骨なども同様の手法で再生することが可能です。骨においては、関節リウマチの治療に人工関節表面であらかじめ患者本人の骨髄中幹細胞を培養し、骨細胞の発生を促す処置をしたあとで患者に埋め込んだところ、治療効果が早期に出て予後も良好だったという報告もあります。[21] 骨折が自然に治癒することからわかるとおり、骨細胞は旺盛な自然治癒力を持っていますが、そこへさらに細胞を追加することによって、よりいっそうの治療効果を発揮した例です。

工学的再生医療の次の目標は、心臓や肝臓など複雑な血管が張り巡らされ、立体的にも複雑な構造を持つ臓器の再生です。心臓については、皮膚と同様の心筋細胞シートはすでに開発されています。これは、機能が損なわれた心臓に、培養した心筋細胞のシートを貼りつけることによって心臓を修復するものです（図7-1）。この心筋シートは移植後すぐに血管系が伸びてきて、酸素や栄養の供給が始まり、ただちに心臓の拍動と同期して動き出します。

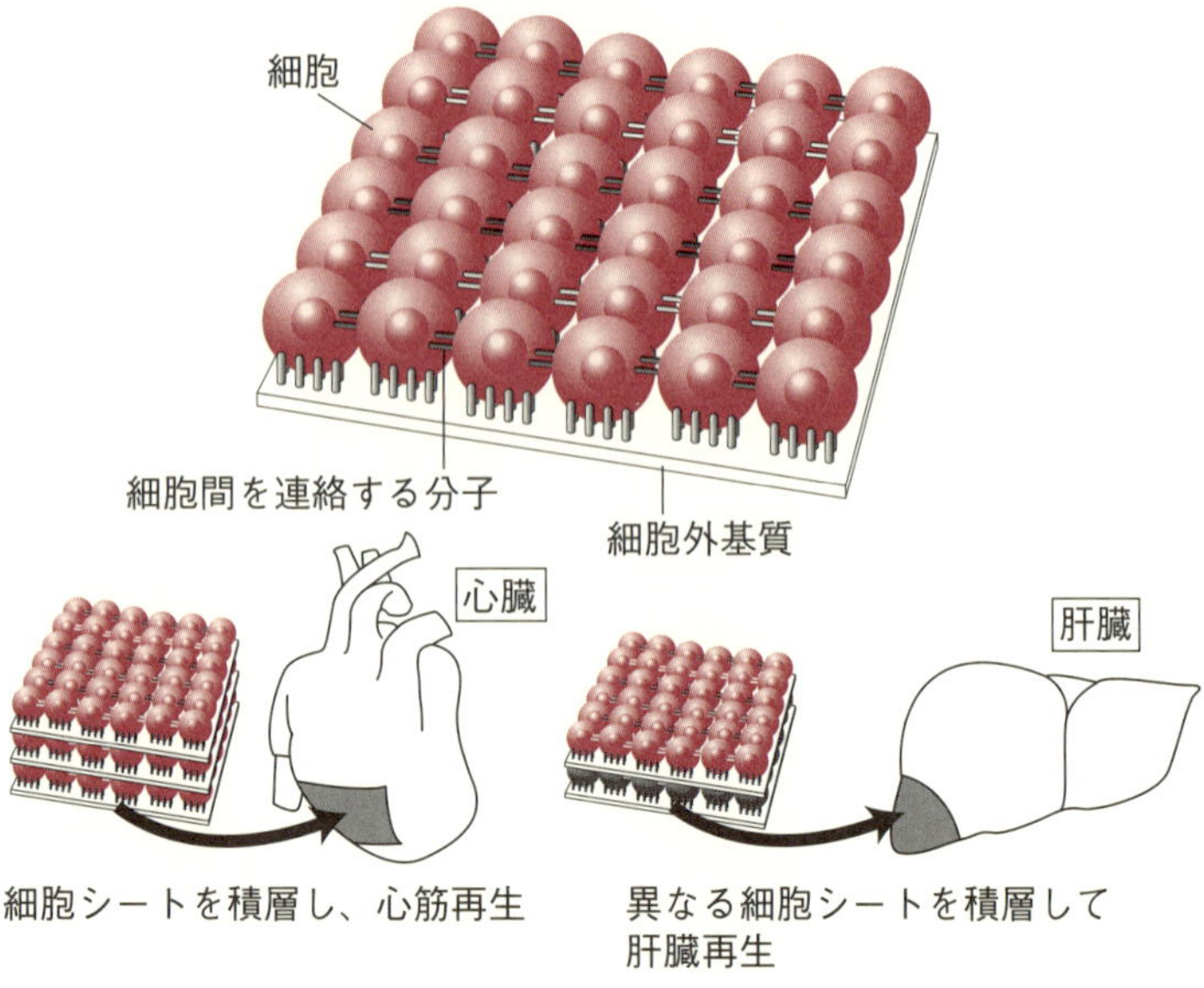

図7-1
細胞シートとその利用
細胞をあらかじめシート状に作成した後に移植すると定着率が高くなります。このとき、同じ細胞を積層させて移植してもいいですし、機能の異なる細胞を1枚のシートに組み合わせて培養してもいいです。

7-2 東洋医学と自然治癒

日本における東洋医学

東洋医学といえば、インド式治療やアラブ系の医学も含まれますが、日本における東洋医学の代表は中国から伝来した鍼灸（しんきゅう）治療と漢方薬です。

鍼灸治療の根幹は自然治癒力にあります。

ただ、日本人が考える自然治癒という概念は、中国医療の独特の体系から離れ、紀元前4世紀頃に活躍した古代ギリシアの医師**ヒポクラテス**※の自然治癒思想にまでさかのぼるヨーロッパ医学、そのなかでも日本の場合は特に、オランダ医学譲りの考え方を導入したのだとされています。

ヒポクラテスは、それまでの医療が迷信や超常現象、根拠のない仮説に基づき観察、治療されていたことに疑問を抱き、病気を自然現象としてとらえた最初の人で「医学の父」と呼ばれています。のちに**ナイチンゲール**※※が築いた看護学もヒポクラテスの思想に基づいています。

※紀元前460-紀元前377年。古代ギリシアの医師で、観察を重んじ、科学的な医学のもとを築きました。

※※1820-1910年。イギリスの看護師。クリミア戦争（1853年）に従軍後、看護にも学問が必要であることを説き、看護師学校を設立。「近代看護の生みの親」と呼ばれています。

中国医学の特徴は多くの書物にその詳細が記録されていることで、紀元前3世紀頃にすでに伝統医学に関する書籍がまとめられていました。

この時代の病気の捉え方は「陰陽五行論」と呼ばれ、気の流れを正すことが病気の治療につながるという考え方をしています。

この考え方では自然の世界に対する自分の内なる世界の乱れや、外界との不整合が病気の原因であると考えます。治療方法としては規則正しい生活を行うことが患者に勧め

図7-2
生薬の元になる動物
［写真提供／Vberger］

られ、薬草や動物から作った生薬の服用、つぼの刺激、鍼灸、マッサージなどが行われました。これらは「気」の流れを正しくすることが目的とされましたが、現代医療の視点で考えると血液循環や代謝の改善につながるものです（図7-2）。

中国医療が日本に伝わったのは平安時代から江戸時代のことで、それをもとに、日本人にあった診断と治療システムが作り上げられました。日本では、「気」よりもむしろ薬を処方することが重視され、中国から伝わった漢方薬に日本古来の薬草の知識がつけ加えられ、和漢薬の体系が作り上げられました。日本では西洋医学に基づく医療のなかでも、漢方薬のエキスなどが処方される場合があります。

鍼灸治療の効果

鍼灸は中国伝統医療の特徴です。鍼治療の作用機序は、鍼が全身の皮膚に存在するポリモーダル受容器と呼ばれる外部からの刺激を受け取る神経に作用し、その刺激が脳に伝えられて脳内の情報伝達物質などの分泌を促してさまざまな反応が出るものと考えられています。

動物を使った実験でも確かに、鍼治療を施す場所によって影響の出る臓器が異なることもわかっており、いわゆる「つぼ」のようなものの存在が科学的に解明されつつあります。

また、灸についても熱ショックタンパク質と呼ばれる、熱に反応して作り出されるタンパクが灸の刺激によって作り出され、それがきっかけとなって免疫機能に変化をもたらすことが推定されています。

かつて、西洋医学の医師は伝統医学を遠巻きに見ているような雰囲気が強かったのですが、最近は伝統医学を西洋医学の知識で解明することによって、その効果を実証し、西洋医学に積極的に取り入れようとする動きが活発です。この動きのなかには、伝統医療における医師の施術を機械で模倣しようとする研究や、感覚や経験に基づいて行われる診療行為を数値化して客観的に記述しようとする研究もあります。

伝統医学の診断方法

次に伝統医学に特徴的な診断方法を紹介します。

まず脈診です。

西洋医学においても脈を診る診察は行われていますが、西洋医学の脈診は血液の流れの速さやリズムを調べることによって循環器系の異常を知ろうとするものです。

一方、中国伝統医学で古くから伝わり、現在でも中国、韓国、日本で広く行われている脈診ではその考え方が異なっています。特に、古典的な中国の脈診は、脈は全ての内臓の状態をモニターするものだと考えられ、単に血液の循環や心臓の異常の有無を知るものではありません。脈診は3ヶ所の脈を3種類の深さ、合計9種類の脈パターンを読み取り、それぞれに対して28種類の脈の特徴を当てはめることによって内臓の状態を知ることができるとされています。

現在日本で行われているのは、日本で独自に編み出された「六部定位診（ろくぶじょういしん）」という手法で、これも脈からさまざまな内臓の健康状態がわかるとされています。

日本ではあまり行われていない「聞診（ぶんしん）」も中国伝統医療の特色です。これは患者の口のにおいや体のにおいをかいで診察をするものです。科学的にはセンサーを使って、吐き出す息のなかのアンモニアを測定することにより、肝臓や腎臓の機能を推定できるという報告もあるようです。今後、息のなかに含まれる微量の化学物質を正確に測定する方法が開発されれば、伝統医学が最先端医学として再注目される可能性が出てくるでしょう。

7-3 自然治癒力を向上させる方法はあるか

特効薬はある!?

病気になってもすぐ健康になる体、ケガをしてもあっという間に治ってしまう肉体、大きなストレスを受けても折れたりキレたりしない精神、それは理想です。しかし、そのように超人的な、まるで無限に復活するプラナリアのような生物に、私たちが変化することはできません。自然治癒力を改善する特効薬なども存在せず、一時的な精神的安堵を得るために違法な薬物に手を出すことも、私たちの精神、肉体、社会的地位などに対してはデメリットでしかありません。とはいえ、一般的には規則正しい生活や、ストレスをためない就業環境・生活環境は、自然治癒力を高めることはないまでも、その低下を防ぐことができるとは考えられます。

ビタミンは心身の正常な発達と恒常性を保つ上で、欠くことができない物質です。ごくわずか存在していれば有効なのですが、体内で作り出すことはできませんので、私たちはこれらを食品から摂取しなければなりません。ビタミン不足で発症する多くの病気が知られています。

また、自然治癒力の向上には、気持ちの持ち方も重要だと感じられています。これは免疫力の低下とも関係がありますが、仕事などで何か大きなプロジェクトが終わって気が抜けたとき、何かに失敗して意気消沈したときなどの、「気が抜けた」、「気が萎えた」といわれる状況で、病気になりやすいと感じている人は多いかと思います。

大きな仕事に意欲的に取り組んでいるとき、家族のためにがんばらなければと気を奮い立たせているとき、不思議と病気をしないような気がします。

気の持ち方と自然治癒力を科学的に結びつけるのは難しいことですが、ストレスをためないこと、規則正しい生活と、健康によい食生活をする、適度な運動をするなどに気配りをすることが重要です。これらの要因についても1つ1つを見ていくと、主には老化や寿命との関係から、食事の影響や運動の効果については科学的な検討も加えられています。

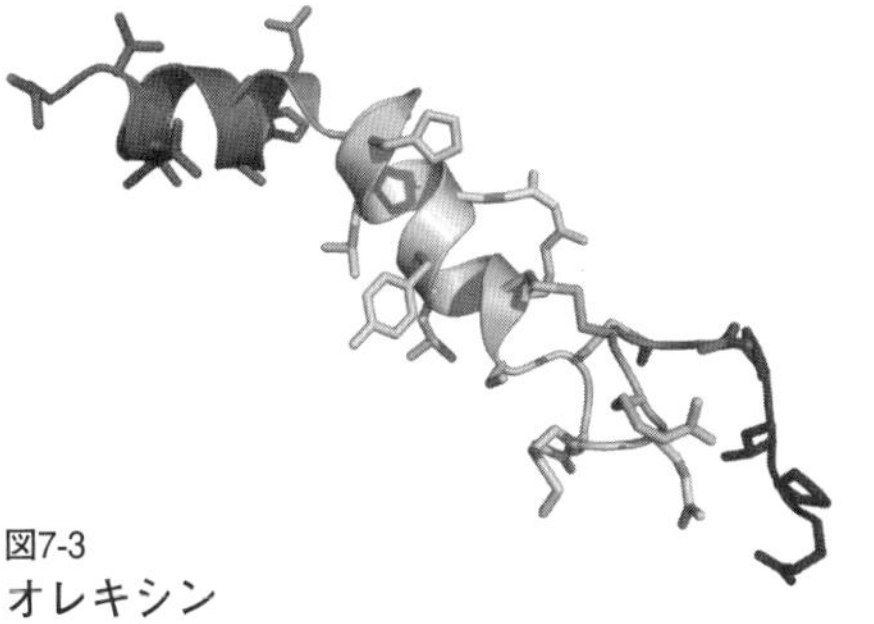

図7-3
オレキシン

たとえば、食事を味わいながら規則正しく食べると、オレキシン（図7-3）という脳のなかのホルモンの分泌が促進され、筋肉の代謝を促進して、血糖の上がり過ぎを防止することが明らかになっています[22]。また、最近は香りを科学的に測定する技術が開発されたことにともなって、アロマセラピーと健康の関係などにも、科学的なアプローチが行われ始めています。

心の声に耳を傾けてみよう

体は常にホメオスタシス維持に必要な情報を、私たちに訴えかけているともされています。睡眠や排泄に対する欲求はその典型的なものですが、そのほかにも、仕事に集中して取り組んでいると不意に甘いものが食べたくなったり、コンビニの棚を眺めていると、なんだか突然、健康的な食品に手を伸ばしたくなったりします。私たちがこうした行動を取るのは、体がそれを求めているからだといわれています。そのような私たちの内からの訴えかけに耳を貸すことも効果的でしょう。

謝辞

本書を執筆するに際し、多くの研究者・企業の方々からアドバイスや資料のご提供を頂き心より御礼申し上げます。

また、私の拙い原稿を根気よく編集してくださった山田智子さん、企画段階からお世話になった大倉誠二さんをはじめ、技術評論社のスタッフの皆さま、イラストレーター、デザイナーの皆さま、そのほか本書に関わってくださった皆さまに深く感謝いたします。

参考文献

本文に記述した引用文献の出典は、巻末に示しました。以下は全体的な参考書籍です。

クリストファー・T・スコット著『ES細胞の最前線』河出書房新社
Newton別冊『からだと病気』ニュートンプレス
Newton別冊『生命科学がわかる100のキーワード』ニュートンプレス
アン・B・パーソン著『幹細胞の謎を解く』みすず書房
岸本忠三、中嶋彰著『現代免疫物語』講談社ブルーバックス
岸本忠三、中嶋彰著『新現代免疫物語』講談社ブルーバックス
阿形清和、山中伸弥、他著『再生医療生物学』岩波書店
八代嘉美、中内啓光著『再生医療のしくみ』日本実業出版社
関口清俊『再生医療のための細胞生物学』コロナ社
浅島誠著『再生医療のための発生生物学』コロナ社
長澤寛道著『生物有機化学』東京化学同人
上野直人、野地澄晴編集『発生・再生イラストマップ』羊土社
生田哲著『免疫と自然治癒力の仕組み』日本実業出版社
『ファルマシア 2010年1月号』日本薬学会
中西貴之著『なにがスゴイか？ 万能細胞』技術評論社

■第2章
2-2　付加再生と形態調節
図2-5　再生芽の形成と前足の再生（アホロートル）
Echeverri K., & E. M. Tanaka "Proximodistal patterning during limb regeneration. Author: Karen Echeverri", *Developmental Biology*, Elsevier, 2005 Mar 15. Copyright ⓒ 2005, Elsevier

図2-6　ヒドラの再生
Lengfeld T., *et al.*, "Multiple Wnts are involved in Hydra organizer formation and regeneration", *Developmental Biology*, Elsevier, 2009 June 1, Copyright ⓒ 2009, Elsevier

2-4　骨折は自然治癒の代表
図2-8　破骨細胞
Nemoto Y., *et al.*, "Multinucleate osteoclasts in medaka as evidence of active bone remodeling", *Bone*, Elsevier, 2007 Feb. Copyright ⓒ 2007, Elsevier

図2-9　骨芽細胞
Nemoto Y., *et al.*, "Multinucleate osteoclasts in medaka as evidence of active bone remodeling", *Bone*, Elsevier, 2007 Feb. Copyright ⓒ 2007, Elsevier

2-8　骨格筋の再生能力
図2-17　骨格筋に付着するサテライト細胞の顕微鏡写真
Kanisicak O., *et al.*, "Progenitors of skeletal muscle satellite cells express the muscle determination gene, MyoD", *Developmental Biology*, Elsevier, 2009 Aug 1. Copyright ⓒ 2009, Elsevier

2-15　入れ歯のなくなる日は来るか？
図2-30　培養で作り出された歯
Young C. S. *et al.*, "Tissue engineering of complex tooth structures on biodegradable polymer scaffolds", *J. Dent. Res.*, 2002 Oct；81（10）：695-700.

■第3章
3-2　自然免疫の主役は白血球
図3-3　好中球の電子顕微鏡写真
Galkina S. I., *et al.*, "Scanning electron microscopy study of neutrophil membrane tubulovesicular extensions (cytonemes) and their role in anchoring, aggregation and phagocytosis. The effect of nitric oxide", *Experimental Cell Research*, Elsevier, 2005 Apr 1. Copyright ⓒ 2005, Elsevier

図3-4　食べた赤血球が見えているマクロファージ
Centers for Disease Control and Prevention

3-8　獲得免疫による自然治癒と病気抵抗性メカニズム
図3-13　リンパ球と体細胞
Cai X., *et al.*, "Connection between biomechanics and cytoskeleton structure of lymphocyte and Jurkat cells：An AFM study", *Micron*, Elsevier, 2010 Apr. Copyright ⓒ 2010, Elsevier

3-10　免疫細胞はガン細胞にも立ち向かう
図3-17　アスベストの電子顕微鏡写真
U.S. Geological Survey

■第4章
4-2　単なる脂と思うなよ！脂肪細胞がガンを治癒
図4-3　脂肪細胞の電子顕微鏡写真
Chun T-H., *et al.*, "A Pericellular Collagenase Directs the 3-Dimensional Development of White Adipose Tissue", *Cell*, Elsevier, 2006 May 5. Copyright ⓒ 2006, Elsevier

図4-4　脂肪細胞内部の電子顕微鏡写真
Chun T-H., *et al.*, "A Pericellular Collagenase Directs the 3-Dimensional Development of White Adipose Tissue", *Cell*, Elsevier, 2006 May 5. Copyright ⓒ 2006, Elsevier

■第6章
6-1 イモリやサンショウウオは切った足も生えてくる
図6-2　再生芽の断面写真
Suzuki M., *et al.*, "Nerve-dependent and -independent events in blastema formation during Xenopus froglet limb regeneration", *Developmental Biology*, Elsevier, 2005 Oct 1. Copyright ⓒ 2005, Elsevier

図6-4　メキシコサンショウウオの皮膚移植で形成された過剰肢
Endo T., *et al.*, "A stepwise model system for limb regeneration", *Developmental Biology*, Elsevier, 2004 June 1. Copyright ⓒ 2004, Elsevier

6-2 イモリは眼球も再生する
図6-8　再生中の水晶体断面写真
Hayashi T., *et al.*, "FGF2 triggers iris-derived lens regeneration in newt eye", *Mechanisms of Development, Elsevier*, 2004 June. Copyright ⓒ 2004, Elsevier

図6-9　水晶体の入れ替わり
Hayashi T., *et al.*, "FGF2 triggers iris-derived lens regeneration in newt eye", *Mechanisms of Development, Elsevier*, 2004 June. Copyright ⓒ 2004, Elsevier

6-3　2つに切断したら2匹になって生き続けるプラナリア
図6-11　プラナリアの再生
Agata K., "Regeneration and gene regulation in planarians", *Current Opinion in Genetics & Development*, Elsevier, 2003 Oct. Copyright ⓒ 2003, Elsevier

図090　プラナリアのインターカレーション
京都大学大学院理学研究科　阿形清和

引用文献

■第1章

1-3 自然治癒と幹細胞

①Wernig M., *et al.*, "Neurons derived from reprogrammed fibroblasts functionally integrate into the fetal brain and improve symptoms of rats with Parkinson's disease", *Proc. Natl. Acad. Sci.* USA., 2008 Apr 15 ; 105 (15) : 5856-61. Epub 2008 Apr 7. [PMID : 18391196]

■第2章

2-8 骨格筋の再生能力

②Wada M. R., *et al.*, "Generation of different fates from multipotent muscle stem cells", *Development*, 2002 Jun ; 129 (12) : 2987-95.

2-10 失語症の回復メカニズムに見る脳の自然治癒

③Takatsuru Y., *et al.*, "Neuronal circuit remodeling in the contralateral cortical hemisphere during functional recovery from cerebral infarction", *J. Neurosci.*, 2009 Aug 12; 29 (32) : 10081-6. [PMID : 19675241]

④Ohira K., *et al.*, "Ischemia-induced neurogenesis of neocortical layer 1 progenitor cells", *Nat. Neurosci.*, 2009 Dec 27. Epub ahead of print, [PMID : 20037576]

2-14 小腸は日々再生している！

⑤Wright N. A., *et.al.*, "Epidermal growth factor (EGF/URO) induces expression of regulatory peptides in damaged human gastrointestinal tissues", *J. Pathol.*, 1990 Dec; 162 (4) : 279-84. [PMID : 2290113]

2-15 入れ歯のなくなる日は来るか？

⑥Young C. S., *et.al.*, "Tissue engineering of complex tooth structures on biodegradable polymer scaffolds", *J. Dent. Res.*, 2002 Oct ; 81 (10) : 695-700. [PMID : 12351668]

■第3章

3-7 天然の殺し屋—ナチュラルキラー細胞

⑦Khakoo S. I., *et.al.*, "HLA and NK Cell Inhibitory Receptor Genes in Resolving Hepatitis C Virus Infection", *Science*, 2004 Aug; 6 : 872-874.

■第4章

4-1 自然治癒する人間の神経細胞

⑧独立行政法人科学技術振興機構プレスリリース 2009年12月28日号

⑨慶應義塾大学プレスリリース 2009年12月28日

4-3 皮膚の外に、にゅ～っと手を出す免疫細胞の発見

⑩慶応大学プレスリリース 2009年12月3日

4-4 自分の遺伝子を自分の遺伝子による攻撃から守る

⑪京都大学プレスリリース 2009年12月15日

■第6章

6-1 イモリやサンショウウオは、切った足も生えてくる

⑫Gardiner D. M., *et al.*, "The molecular basis of amphibian limb regeneration in integrating the old with the new Seminars", *Cell & Developmental Biology*, 2002 Oct; 13 (5) : 345-352.

⑬Endo T., *et al.*, "A stepwise model system for limb regeneration", *Developmental Biology*, 2004 June; 270 (1) : 135-145.

⑭Stocum D. L., "Regulation after proximal or distal transposition of limb regeneration blastemas and determination of the proximal boundary of the regenerate", *Developmental Biology*, 1975 July ; 45 (1) : 112-136.

6-2 イモリは眼球も再生する

⑮Hayashi T., *et al.*, "FGF2 triggers iris-derived lens regeneration in newt eye", *Mechanisms of Development*, 2004 June ; 121 (6) : 519-526.

⑯独立行政法人理化学研究所プレスリリース 2007年4月11日

6-3 2つに切断したら2匹になって生き続けるプラナリア

⑰Morgan T. H., "Growth and regeneration in Planaria lugubris", *Arch Entwicklungsmech. Org.*, 2005, 13 : 179-212.

⑱京都大学プレスリリース　2009年12月8日号

6-5 組織再生の根本原則にあるアクチビンメカニズム

⑲独立行政法人理化学研究所プレスリリース 2008年2月4日

■第7章

7-1 人工的自然治癒となる再生医療

⑳『朽ちていった命—被曝治療83日間の記録』(新潮文庫) NHK「東海村臨界事故」取材班編

㉑Isomoto S. *et.al.*, "Rapamycin as an inhibitor of osteogenic differentiation in bone marrow-derived mesenchymal stem cells", *J. Orthop. Sci.*, 2007 Jan; 12 (1) : 83-8. Epub 2007 Jan 31. [PMID : 17260122]

7-3 自然治癒力を向上させる方法はあるか

㉒Shiuchi T., *et.al.*, "Hypothalamic orexin stimulates feeding-associated glucose utilization in skeletal muscle via sympathetic nervous system", *Cell Metab.*, 2009 Dec; 10 (6) : 466-80.

写真/図表クレジット

■第1章

1-3 自然治癒と幹細胞

図1-7 幹細胞が暴走してできた腫瘍組織

Hentze H., *et al.*, "Teratoma formation by human embryonic stem cells : Evaluation of essential parameters for future safety studies", *Stem Cell Research*, Elsevier, 2009 May. Copyright © 2009, Elsevier

索　引

■著者略歴

中西貴之（なかにし・たかゆき）

1965年、山口県下関市彦島生まれ。山口大学大学院応用微生物学修了。現在、総合化学メーカー宇部興産株式会社医薬研究所で鋭意創薬研究中。趣味は故郷の島で定期的に科学の講演会を開催すること。地元下関市の平家一門の御霊を鎮める伝統芸能「平家踊」で音頭取りを務める継承者。著書に『なにがスゴイか？万能細胞――その技術で医療が変わる！』『からだビックリ！薬はこうしてやっと効く――苦労多きからだの中の薬物動態』『食べ物はこうして血となり肉となる――ちょっと意外な体の中の食物動態』（以上、技術評論社）、『マンガでわかる菌のふしぎ』（ソフトバンククリエイティブ）、オーディオブック『ヴォイニッチの科学書』（FeBe!）など。
日本科学技術ジャーナリスト会議会員。

知りたい！サイエンス

なぜ、体はひとりでに治るのか？
―健康を保つ自然治癒の科学―

2010年4月25日　初版　第1刷発行

著者　中西貴之
発行者　片岡　巌
発行所　株式会社技術評論社
東京都新宿区市谷左内町21-13
電話　03-3513-6150　販売促進部
03-3267-2270　書籍編集部
印刷／製本　日経印刷株式会社

●装丁
中村友和（ROVARIS）
●制作
株式会社マッドハウス
●編集
山田智子

定価はカバーに表示してあります。

本書の一部または全部を著作権法の定める範囲を超え、無断で複写、複製、転載あるいはファイルに落とすことを禁じます。

©2010 中西貴之

造本には細心の注意を払っておりますが、万一、乱丁（ページの乱れ）や落丁（ページの抜け）がございましたら、小社販売促進部までお送りください。送料小社負担にてお取り替えいたします。

ISBN978-4-7741-4220-3 C3047
Printed in Japan